Handbuch der Farbe

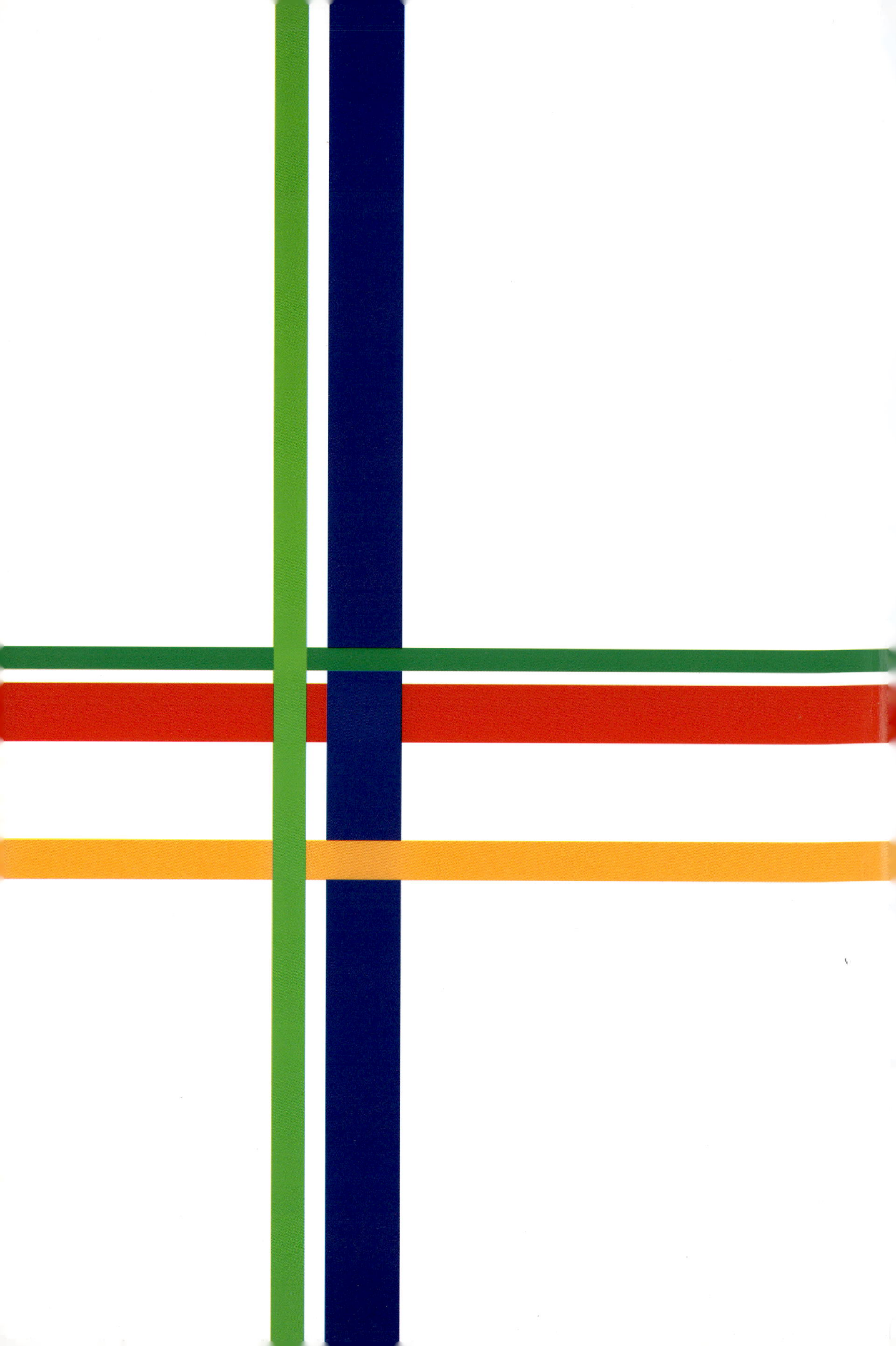

Handbuch der Farbe

SYSTEMATIK

ÄSTHETIK

PRAXIS

Hans Gekeler

DUMONT

Reproduktion:
Eichhorn. Frankfurt

Druck: Rasch, Bramsche

Buchbinderische Verarbeitung:
Bramscher Buchbinder Betriebe

Printed in Germany
ISBN 3-8321-7289-0

Bibliografische Information der Deutschen Bibliothek

Die Deutsche Bibliothek verzeichnet diese Publikation in der Deutschen Nationalbibliografie; detaillierte bibliografische Daten sind im Internet über <http://dnb.ddb.de> abrufbar.

Freude an Farben 7

Theorie der Farben 8
Farbenphysik 9
Vom Licht zur Farbe 11
Wahrnehmung von Licht und Farben 12
Farberscheinungen 14
Körperfarben 22
Primär- und Sekundärfarben 23
Farben im Kreis 25
Farben – Modulationen 28
Gegensätzliche Farben 34
Farben ohne Grenzen 38
Die Vielzahl der Farben 42
Farbenordnungen 44

Physiologische Farben 48
Farben – nebeneinander 48
Simultankontrast 50
Farbphänomene 54
Reizende Farben 60
Induzierte Farben 64

Farbharmonien 66
Musik als Vorbild 66
Vorbild Regenbogen 71
Schönheit durch Struktur 72
Harmonische Farbfamilien 77
Modulationsfamilien 84
Ton-in-Ton 92
Mutige Farben 98
Sensible Farben 100
Ungewöhnliche Farben 102
Graffiti 104
Farben – eine Geschmackssache 108

Farben – Design 112
Color sells 112
Trendfarben – einst und jetzt 114
Dekorfarben 128
Farben der Architektur 130
Schöne bunte Kinderwelt 132
Fun-Farben für Freizeitvergnügen 135
Farbige Fundsachen 136
Fliegende Farben 142

Farben – Techniken 146
Transparenz der Farben 147
Mischungen 148
Lasuren übereinander 158
Malfarben 168
Druckfarben 172
HiFi Color mit Siebenfarbendruck 177
Entwurf virtueller Farbräume 180
Farben definieren in QuarkXPress 182
Elektronische Manipulationen 188
Virtuelle Grafik 190
Farbiges Drucken 192
Farben – digital 196
Transparenz bei Entwurf und Druck 198
Druckverfahren 200
Duplexdruck 202
Farbeigenschaften 203
Maler und ihre Farben 204
Begriffe aus der Malerei 206

Abbildungsnachweis 207

»Zum Leben braucht der Mensch die Farbe. Sie ist ein ebenso notwendiges Element wie das Wasser und das Feuer.«

Fernand Léger

Farben sind für uns ein selbstverständliches Erlebnis. Dabei existieren sie nur als Erscheinung für den Augenblick. Ohne den sehenden Menschen gibt es keine Farben. Für uns ist es wichtig, dass wir unsere Umwelt nicht nur in Grautönen wahrnehmen, sondern, sozusagen als Geschenk, über ein System zum Farbensehen verfügen.

Farben können sehr verschieden interpretiert werden. Für den Maler ist ein Sonnenuntergang am Meer ein wunderbares Motiv, für den Physiker aber ein Trugbild. Und beide haben Recht. Deshalb ist es erforderlich, die verschiedenen Aspekte des Farbensehens kennenzulernen und miteinander in Beziehung zu setzen.

In allen Epochen und Kulturen wird den Farben besondere Bedeutung zugemessen. Es ist die Freude an Farben, die uns veranlasst, uns mit Blumen und Bildern zu umgeben und uns an Schmetterlingen und Fischen zu erfreuen.

Theorie der Farben

...und es ward Licht!

Im Altertum und im Mittelalter versuchten vor allem die Philosophen, das Phänomen Licht und Farbe zu verstehen. Plato erklärte das Sehen durch korpuskulare Sehstrahlen, die von den Augen auf die Objekte geworfen werden. Doch warum gelingt dies nicht auch in der Dunkelheit?
Es war Isaac Newton, der im 17. Jahrhundert eine erste plausible Theorie aufstellte. Er behauptete, dass Licht aus einer Reihe von Partikeln besteht. Er konnte jedoch einen Wellencharakter nicht ausschließen.
Christopher Huygens hielt – etwa zeitgleich wie Newton – Licht für Impulswellen, die sich durch den Äther ausbreiten. Diese Auffassung wurde von Thomas Young 1801 experimentell bestätigt und später von Maxwell und Faraday ergänzt.

Wellen oder Teilchen?

Die Auseinandersetzung über die Natur des Lichts ist eine der aufregendsten und längsten in der Wissenschaft. Erst zu Beginn des 20. Jahrhunderts erbrachten zwei Theorien die Erkenntnis, dass sowohl die Wellen- als auch die Korpuskulartheorie zutreffen: die Quantentheorie und die Relativitätstheorie. Beide Theorien haben sich als richtig erwiesen und zu der heute anerkannten Auffassung geführt, dass Licht je nach Art des Auftretens sowohl Quanten- als auch Wellencharakter besitzt: Licht besteht aus quantifizierten Wellen.

Der Physik-Nobelpreisträger Werner Heisenberg kommentiert diese Erkenntnis folgendermaßen: »Die Wellenanschauung des Lichtes und seine Korpuskelanschauung werden als zwei komplementäre Anschauungen einer gleichen Wirklichkeit anerkannt.«

Farben – ein Resultat des Lichts

Die alltägliche Erscheinung des Lichts hat den Physikern des 20. Jahrhunderts viel Diskussionsstoff gegeben. Dabei führten die Atomphysik und die Quantenmechanik zu neuen Erkenntnissen. Es ist deshalb sinnvoll, das Thema Licht in unterschiedlichen Sichtweisen zu beleuchten: als Erlebnisphänomen und als physikalische Größe.

In der christlichen Schöpfungsgeschichte wird dem Licht eine grundlegende Bedeutung zugemessen. Es ist die erste Tat Gottes, um Leben auf der Erde zu ermöglichen. Auch in anderen Kulturen werden dem Licht und der Sonne mythologische und religiöse Bedeutung zuerkannt: Licht ist Leben.

Ein Ausflug in die Physik

Tageslicht geht von der Sonne aus. Es sind elektromagnetische Wellen, die ununterbrochen in alle Richtungen des Weltraums ausgestrahlt werden. Mit Licht werden nur diejenigen Frequenzen bezeichnet, für die das Auge empfänglich ist. Tatsächlich kommen von der Sonne weit mehr Arten von Strahlung zu uns, von denen die dem Licht benachbarten Frequenzen im ultravioletten und infraroten Bereich am bekanntesten sind. Diese werden vom Auge nicht

mehr wahrgenommen, wirken sich jedoch in anderer Weise – zum Beispiel auf unsere Haut – aus.
Dass der Weltraum völlig schwarz ist, mag überraschen. Davon berichten Kosmonauten, die sich frei im Weltraum bewegten und von der sie umgebenden tiefen Schwärze beeindruckt waren. Erst beim Auftreffen der Lichtstrahlen auf Gegenstände (dazu sind auch die Partikel in der Erdatmosphäre zu rechnen) entsteht Helligkeit. Das neutrale Tageslicht wird als Weiß bezeichnet (eine populäre Bezeichnung für neutrale Helligkeit). Und aus diesem weißen Licht entstehen alle bunten Farben.

Ein Photon geht auf die Reise

Die Energieteilchen, die von einem Atom ausgesandt werden, sind Photonen, die sich als Photonenschwarm ausbreiten (die Vorstellung von der Existenz des Äthers wurde schon vor über 100 Jahren aufgegeben).
Seit über 4,5 Milliarden Jahren schickt die Sonne Photonen in den Weltraum, und das in Lichtgeschwindigkeit. Man kann davon ausgehen, dass sich 99 Prozent aller Photonen auf einer unendlichen Reise befinden. Nur eine Anzahl von ihnen macht allerdings auf einem Balkon dieser Erde eine Geranie sichtbar.

Das Licht, das vom Andromedanebel, den wir gerade noch mit bloßem Auge erkennen können, zu uns kommt, ist viele Millionen Jahre unterwegs.

Je mehr Photonen vorhanden sind, die sich in der Art einer Perlenschnur geradlinig hintereinander fortbewegen, desto intensiver, also heller ist das Licht.

Philipp Otto Runge, Zeichnung der aufgehenden Sonne

Gibt es Lichtstrahlen?

Normalerweise stellt man sich vor, dass sich Licht in Form von Strahlen ausbreitet. In jeder Kinderzeichnung wird die Sonne mit einem Strahlenkranz dargestellt. Diese Vorstellung beruht vermutlich darauf, dass Tageslicht auf direktem, also geradem Weg zu uns kommt. Die Photonen, die von der Sonne ausgesandt werden, breiten sich jedoch nicht strahlenförmig, sondern als kugelförmige Wellenfront aus. Dabei wird die Dichte des Lichtes geringer, je weiter es sich von der Lichtquelle entfernt.

Einen Sonderfall stellen Laserstrahlen dar, bei denen Licht gebündelt austritt.

Farben – ein Resultat des Lichts

Es war Isaac Newton, der 1666 durch seine Experimente mit Prismen zu den grundlegenden Erkenntnissen der Farbentstehung gelangte:

Weißes Licht kann in Farben zerlegt werden.

Farben können zu weißem Licht zusammengeführt werden.

Newton unterschied im Spektralband sieben Farbtöne:
Rot, Orange, Gelb, Grün, Blau, Indigo (aus heutiger Sicht fraglich) und Violett. Hinzu kommt der Magentabereich, der erst durch das Überlagern der beiden Spektralenden als Mischung aus Blau und Rot entsteht.

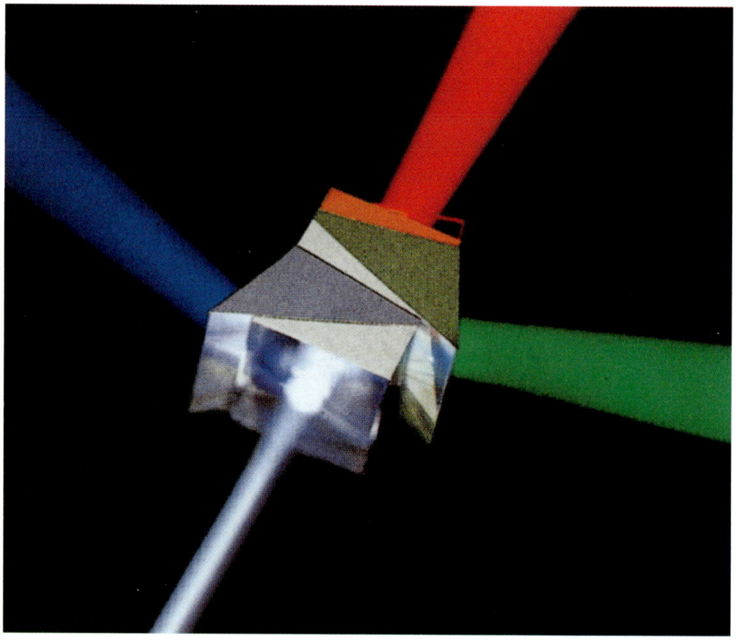

Licht wird in die drei Primärfarben zerlegt

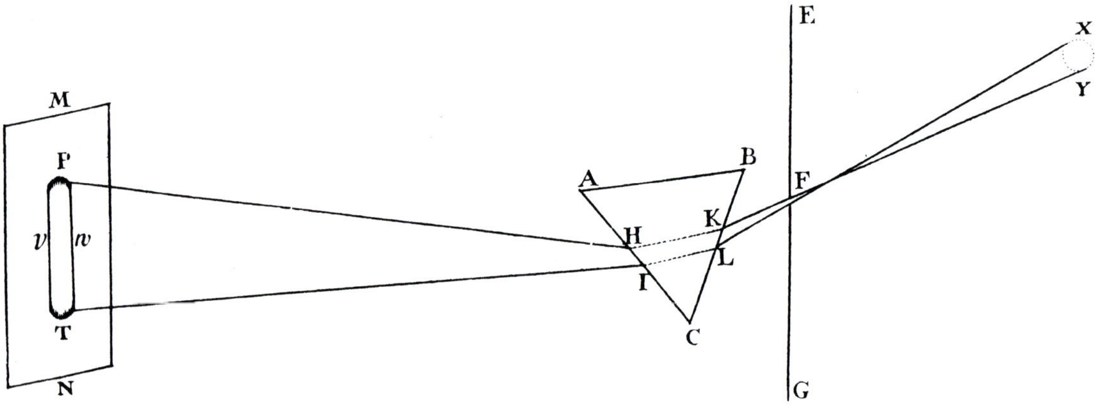

Skizze von Isaac Newton

Spektralband, aus den Prismafarben

rot *grün* *blau*

Das Auge – eine Kamera!

Der Vergleich ist naheliegend: Der Kameraoptik entspricht der Linsenapparat des Auges, und dem Film vergleichbar ist die Netzhaut. Als erster erkannte der Astronom Johannes Kepler (1571–1630), dass ein Teil des Auges der Gestalt nach in Wirklichkeit eine Linse ist und dass die Funktion der Retina als eine Art von Leinwand zu verstehen ist, auf der das von der Linse erzeugte Bild abgebildet wird. Die Netzhaut enthält zwei Rezeptorensysteme: Die »Stäbchen« wirken wie ein Schwarz-Weiß-Film und die »Zapfen« wie ein Farbfilm.
Besonders die Stäbchen sind sehr lichtempfindlich: mit voll adaptierten Augen kann man eine Kerze auf 30 km Entfernung erkennen.

Die beiden Systeme arbeiten bei ausreichendem Licht zusammen, wobei das helle Licht in besonderem Maße die Farbrezeptoren (Zapfen) aktiviert, während bei Dämmerlicht die nur für Helligkeit empfindlichen Stäbchen mehr und mehr das Sehen übernehmen und schließlich allein noch empfindlich sind. Diese Beobachtung kann jeder beim Übergang vom Tageslicht zur Dämmerung und dann bei Dunkelheit selbst machen. Die vielen Nachtgemälde mit Mondschein auf tiefblauem Gewässer beruhen jedoch auf Erfahrungen bei Tageslicht und werden so auch von jedermann akzeptiert.

Farbe – ein Augenblick

Erst im Moment des Sehens entstehen Farben, und schon sind sie wieder verschwunden. Die optischen Vorgänge von der Lichtentstehung und -ausbreitung bis zum Auftreffen auf die Netzhaut, meistens nach einem Umweg über die Oberfläche eines Gegenstandes, bilden nur die Voraussetzungen für die menschliche Empfindung »Farbe«.

Vom Auge zum Gehirn

Das Farbensehen ist mit der unterschiedlichen Reizung der Farbrezeptoren noch nicht abgeschlossen. Es erfolgt danach ein äußerst komplizierter Vorgang, der bis heute weiter erforscht wird: die Übertragung der Erregung von den Rezeptoren zum Farbenzentrum des Gehirns.

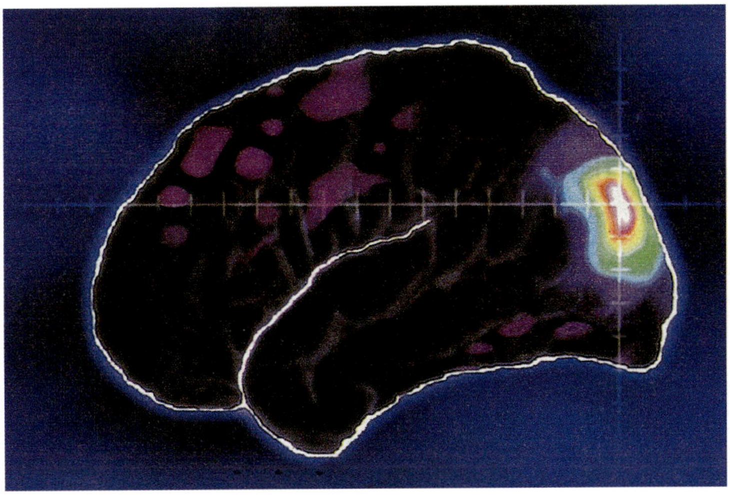

Farbenzentrum des Gehirns

Von der Empfindung zur Wahrnehmung

Die visuellen Sinnesorgane sind nur die Empfangsstationen für die ankommenden Lichtimpulse. Von den Augen werden die Signale durch die jeweilige Sehbahn (einen Nervenstrang mit einer Million Nervenfasern) an die Sehzentren des Gehirns weitergeleitet. Es ist erwiesen, dass sich die Augen als Ausstülpung des Gehirns im Verlauf der Entwicklungsgeschichte gebildet haben. Deshalb ist es richtig, die Farbwahrnehmung als Kooperation von Auge und Gehirn zu verstehen.

Eine Zwischenstation

Von den beiden Augen werden die Lichtimpulse und deren Reaktionen bei den Rezeptoren an die jeweilig gegenüberliegende Gehirnhälfte als Signale weitergeleitet. Bereits dieser Übertragungsprozess ist so komplex, dass man ihn bis heute nicht völlig erforschen konnte. Einen wichtigen Beitrag dazu leistete der Physiologe Ewald Hering (1834–1918), der davon ausging, dass zwischen den Rezeptoren und dem Gehirn ein Code-Mechanismus wirksam ist. Dieser beruht auf der engen Bindung der Komplementärfarbenpaare Rot-Grün, Blau-Gelb und Schwarz-Weiß, den Opponenten. Hering griff damit die Dreifarbentheorie von Young und Helmholtz an, aber die heutige Auffassung tendiert dahin, dass beide Theorien ihre Berechtigung haben.

Das Gehirn als Ordnungsinstanz

Das Gehirn ist nicht nur als Empfangsstation für Farb- und Lichtimpulse zu verstehen. Hier erfolgt auch deren Verarbeitung. In vielen Fällen muss das Gehirn nach einem Ordnungsprogramm die plausibelsten Erklärungen finden. Dabei ist ein System wirksam, das jeden Computer bei weitem übertrifft und das – solange man die Augen offen hat – ununterbrochen tätig ist. Der Prozess der Wahrnehmung unserer Umwelt ist sehr komplex und bis heute keinesfalls geklärt; daran arbeiten gegenwärtig über 30 000 Gehirnforscher. Die Interpretation durch das Gehirn ist so umfassend, dass sie die Rezeption ununterbrochen neu verarbeitet. Erst hierdurch entsteht eine Farbwahrnehmung.

Bei einfarbigen Gegenständen vermitteln Lichtreflexe und Schattenpartien die räumliche Vorstellung

Was ist das Bewusstsein?

Weder durch Forschen noch durch Nachdenken kann man den Zusammenhang zwischen Sehen, Denken und Fühlen erfassen. Das gilt auch für die Wahrnehmung von Farben. Ein Reiz der für Rot zuständigen Rezeptoren bewirkt mehr als die Meldung »Rot«. Unsere Erfahrungen und Beobachtungen spielen immer mit, und wir registrieren nicht »Rot«, sondern »Tomate« oder »Stop-Schild«. Jede Meldung durch das visuelle System wird mit vorhergegangenen Bildern und Erlebnissen verglichen und danach eingeordnet. Erst dadurch werden wir uns der Umwelt bewusst. *»Man sieht nur, was man weiß. Man weiß nur, was man sieht.« Marcel Proust.*

Interpretationen

Für ein Baby im Kinderwagen erscheint die ganze Welt als eine Halbkugel in greifbarer Nähe. Erst durch Erfahrungen wird die Welt räumlich erfasst. Das ist ein komplizierter Vorgang, weil das Bild auf der Netzhaut zunächst zweidimensional ist und nur durch einige Merkmale eine Räumlichkeit signalisieren kann. Erst durch die Erfahrungen des Bewusstseins werden die eingehenden Impulse korrigiert: Man weiß ja, dass ... ! Die räumliche Erfassung von Gegenständen und der gesamten Umwelt ist das Ergebnis eines Lernprozesses. So kann ein weißes Blatt Papier in der Dämmerung weniger hell erscheinen als ein schwarzes im Mittagslicht, und es wird trotzdem als weißes Papier interpretiert.

Die alten Meister legten auf den Faltenwurf besonderen Wert: Albrecht Dürer, Die vier Apostel, Detail, 1526. Bayerische Staatsgemäldesammlung, München

Und wieder zurück zur Fläche

Zu den Grundstudien an Malschulen gehört es, eine räumliche Darstellung auf der Papierfläche durch verschiedene Techniken, durch Schattierungen in der Helligkeit und durch Modulation der Farbigkeit zu erreichen. Vorbild dafür sind die Meisterwerke in der Kunst, die vielfach gerade deshalb unser Gefallen finden, weil sie realistisch erscheinen.

Für einen Maler vollzieht sich dabei ein mehrfacher Wechsel. Er sieht eine Vase als Sujet vor sich und erhält dadurch eine zweidimensionale Abbildung auf seiner Netzhaut. Dadurch erkennt er den Gegenstand und muss nun einen Weg suchen, seine räumliche Vorstellung wieder in die flächige Darstellung auf Papier oder Leinwand zu übersetzen. Beim Betrachter läuft dieser Vorgang erneut in umgekehrter Reihenfolge ab!

Größenkonstanz und Wahrnehmung

Die Fotografie entspricht dem Netzhautbild. Dieses wird vom Gehirn auf die wahren Größen korrigiert. Man weiß ja, dass ein Schauspieler, der im Kino mehrere Meter groß ist und im Fernseher nur einige Zentimeter, eine menschliche Dimension hat und dass bei einer Baumallee die Bäume und die Autos zur Mitte hin nicht immer kleiner werden.

Farbige Schatten

Auf dem weißen Hintergrund von Schnee wirken die Schattenpartien durch die vermehrte Streuung von kurzwelligen Strahlen bläulich.

Lichterscheinungen = Erscheinungsfarben

Es macht gerade den Reiz bei der Beobachtung der Natur aus, dass sie sich unter wechselnden Lichtverhältnissen immer wieder anders darstellt. Die Maler des Impressionismus verfolgten das Ziel, die momentane Situation festzuhalten. In der Konsequenz dieser Auffassung malten Monet, Cézanne und andere dasselbe Motiv mehrmals unter veränderten Lichtverhältnissen in den jeweils unterschiedlichen Farben, sozusagen als Momentaufnahme. Einen reichen Motivschatz bietet dafür die Natur, besonders bei der Darstellung von Himmels- und Wasserpartien.

Welche Farben stimmen nun?

Man kann durchaus von einem dualen System sprechen: Die Gegenstandsfarbe ist genauso realistisch wie die jeweilige Erscheinungsfarbe. Beim Beobachten und Erkennen von Farben kommen immer mehrere Komponenten zusammen, entscheidend für die Farbwahrnehmung ist das System des Farbensehens durch das menschliche Auge.

Flüchtige Farben

In allen Farbsystemen werden Farben als unveränderliche Größen eingeordnet. Dabei werden unter Laborbedingungen die Farbproben bei idealem Licht und neutraler Umgebung gemessen und mit Ziffern versehen. Die so gewonnenen Werte der Lokalfarben sind für die Farbkommunikation unverzichtbar, aber sie können nicht den vollen Umfang der vielfachen Farberscheinungen erfassen.

Durch kurzwelliges Streulicht entstehen blaue Schatten

Leonardo da Vinci spricht von der Bläue des Himmels mit zunehmender Entfernung. Auf der Grundlage dieser Beobachtung entwickelte er die Farbperspektive, die er bei seinen Bildern ganz bewusst einsetzte. Sie ist ein unerlässlicher Bestandteil der Landschaftsmalerei, um Raum und Tiefe darzustellen. Der Blaustich nimmt mit der Entfernung zu. Dies kann man bei Fotografien beobachten, und in der Landschaftsmalerei kann die Tiefenwirkung durch zuneh-

Zunehmende Blauanteile der entfernten Bereiche vermitteln die Tiefe einer Landschaft: Ferdinand Hodler, Der Genfer See von Chexbres aus, 1905. Öffentliche Kunstsammlung Basel, Kunstmuseum

mende Blauanteile noch verstärkt werden.

Die Atmosphäre enthält stets Wasserbläschen, die sich unter bestimmten Witterungsbedingungen zu Dunst oder Nebel verdichten können und die bei Gegenlicht am deutlichsten in Erscheinung treten. Bei zunehmender Entfernung legt sich die Dunstschicht wie ein Schleier zwischen die Landschaft und den Betrachter. Diese Helligkeitsabstufung führt zu einer Luftperspektive mit deutlicher Tiefenwirkung. Gleichzeitig nimmt die Detailschärfe ab. Sie tritt bei der Fotografie zwangsläufig auf und wird in der Malerei bewusst eingesetzt, um Tiefenwirkung zu erreichen.

Himmelblau und Abendrot

Das Sonnenlicht, das zu uns kommt, hat nicht immer die vollen Anteile des Spektrums. Auf dem Weg durch die Atmosphäre werden bestimmte Wellenlängen absorbiert, wodurch die restlichen um so stärker zur Geltung gelangen. In der Mittagszeit überwiegen bei Sonnenschein die kurzen Wellen; dadurch entstehen die beliebten Urlaubsmotive. Beim tiefen Stand des Abendlichts dominiert das langwellige Licht, wodurch zum Beispiel der Effekt des Alpenglühens entsteht.

Claude Monet, Waterloo-Bridge, Sonne im Nebel, 1903. National Gallery of Canada, Ottawa

Michael Ancher, Die Damen am Strand (Detail), 1896. Skagens Museum, Skagen

Farbige Körper = Körperfarben

Was bewirkt, dass zwei sonst gleiche Gegenstände bei gleichem Licht unterschiedliche Farben haben können? Es kann sich dabei nur um eine Eigenschaft der Oberfläche handeln.
Auch dieser Vorgang ist mit den drei Primärfarben des weißen Lichts zu erklären. Das Sonnenlicht nimmt hier den Umweg über Gegenstände, die wir anschauen (oder umgekehrt ausgedrückt: wir schauen auf Gegenstände, die sich im Sonnenlicht befinden). Hier treffen die drei Primärfarben Rot, Grün und Blau des weißen Sonnenlichts auf die beiden Äpfel. Offensichtlich werden die Primärfarben nicht in der gleichen Weise zurückgestrahlt: Vom roten Apfel gehen nur die Rotanteile, vom grünen nur die Grünanteile des weißen Lichts zurück, während die jeweils anderen verschluckt werden. Durch diese unterschiedlichen Eigenschaften der Oberflächen von Gegenständen erscheint unsere Umwelt verschiedenfarbig.

Oberflächen und Pigmente

Was für das Beispiel der Äpfel zutrifft, gilt für alle Gegenstände. Ausschlaggebend für die Farbe eines Gegenstandes ist die Oberfläche. Ein Gegenstand kann das gesamte weiße Licht zurückstrahlen, dann sehen wir ihn weiß. Verschluckt er alles, erscheint er schwarz. Und alle bunten Farben ergeben sich aus den unterschiedlichen Anteilen der drei Primärfarben des Lichts, die zurückgestrahlt werden und dann zum Auge gelangen.
Die Eigenschaft, bestimmte Anteile des auftreffenden Lichts zurückzuhalten und andere zurückzustrahlen, geht von Pigmenten aus, die in der Oberfläche eines Gegenstandes enthalten sind. Pigmente bestimmen auch den Farbton von Malfarben. Dasselbe gilt für Farbstoffe in Flüssigkeiten.

Subtraktive Farbenmischung

Gegenstände können also, wenn sie dem Licht ausgesetzt sind, farbig erscheinen. Im Gegensatz zu Lichtfarben, die nur als Energie auftreten, bezeichnet man die farbige Erscheinung von Oberflächen als Körperfarben (zur einfacheren Unterscheidung dient die Eselsbrücke, dass man Körperfarben anfassen kann). Dazu gehören auch alle Malfarben.

Da alle Körperfarben außer Weiß dem auftreffenden Licht Anteile entziehen, sind sie in jedem Fall dunkler. Beim Mischen von Körperfarben ist demnach die Mischfarbe immer dunkler als jede der einzelnen Ausgangsfarben. Die Helligkeit wird subtrahiert; man bezeichnet das Mischen von Körperfarben als subtraktive Farbenmischung.
Auch transparente Farbfolien und flüssige Farben mischen sich nach den Gesetzen der subtraktiven Farbenmischung.

Auch Körperfarben haben Primärfarben

Jedes Kind freut sich, wenn beim Mischen von zwei Farben eine ganz neue Farbe entsteht. Bei weiteren Erprobungen stellt sich heraus, dass man die ganze Farbenvielfalt mit nur wenigen Farben mischen kann.
Lediglich drei Farben lassen sich nicht durch Mischen erzielen. Es sind dies die Primärfarben (der Körperfarben): Gelb, Magenta und Cyan. Aber umgekehrt lassen sich aus ihnen – entsprechend den Primärfarben der Lichtfarben – alle übrigen Farben mischen.

Gelb + Magenta = Rot

Magenta + Cyan = Blau

Cyan + Gelb = Grün

Zwischen den Primärfarben

Aus je zwei Primärfarben entstehen Sekundärfarben

Werden zwei Primärfarben zusammengebracht, so entstehen Sekundärfarben. Als mittlere Mischungen ergeben sich die Farben Rot, Blau und Grün. Es sind dies gleichzeitig die drei Primärfarben der Lichtfarben, von denen auch die Bezeichnungen übernommen wurden. Alle Sekundärfarben entstehen durch unterschiedliche Anteile von je zwei Primärfarben und behalten dadurch die volle Buntkraft. Erst durch das Zusammentreffen aller drei Primärfarben entstehen als Mischungen Tertiärfarben.

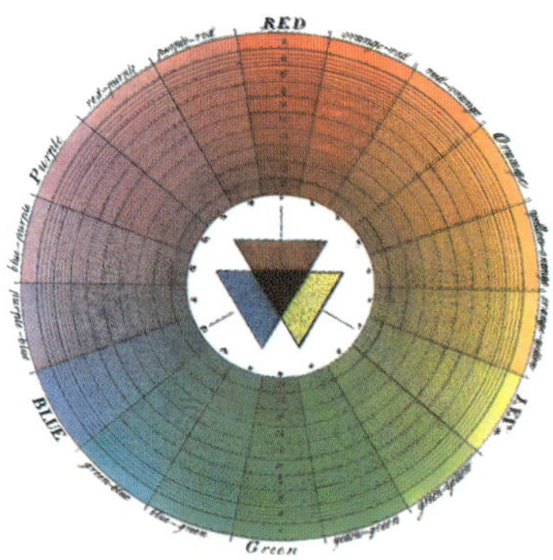

Ältester bekannter Farbenkreis nach Moses Harris, 1776

Drei Reihen im Kreis

Es ist naheliegend, die Primärfarben und die dazwischenliegenden Sekundärfarben der Körperfarben im Kreis anzuordnen und dadurch ein in sich geschlossenes System zu bilden. Die Anzahl der Zwischenfarben ist beliebig, so dass Farbenkreise mit sechs und mit 96 Farben bekannt sind. Sinnvoll ist auch ein Farbenkreis mit kontinuierlichen Übergängen, entsprechend dem Spektralband der Lichtfarben.

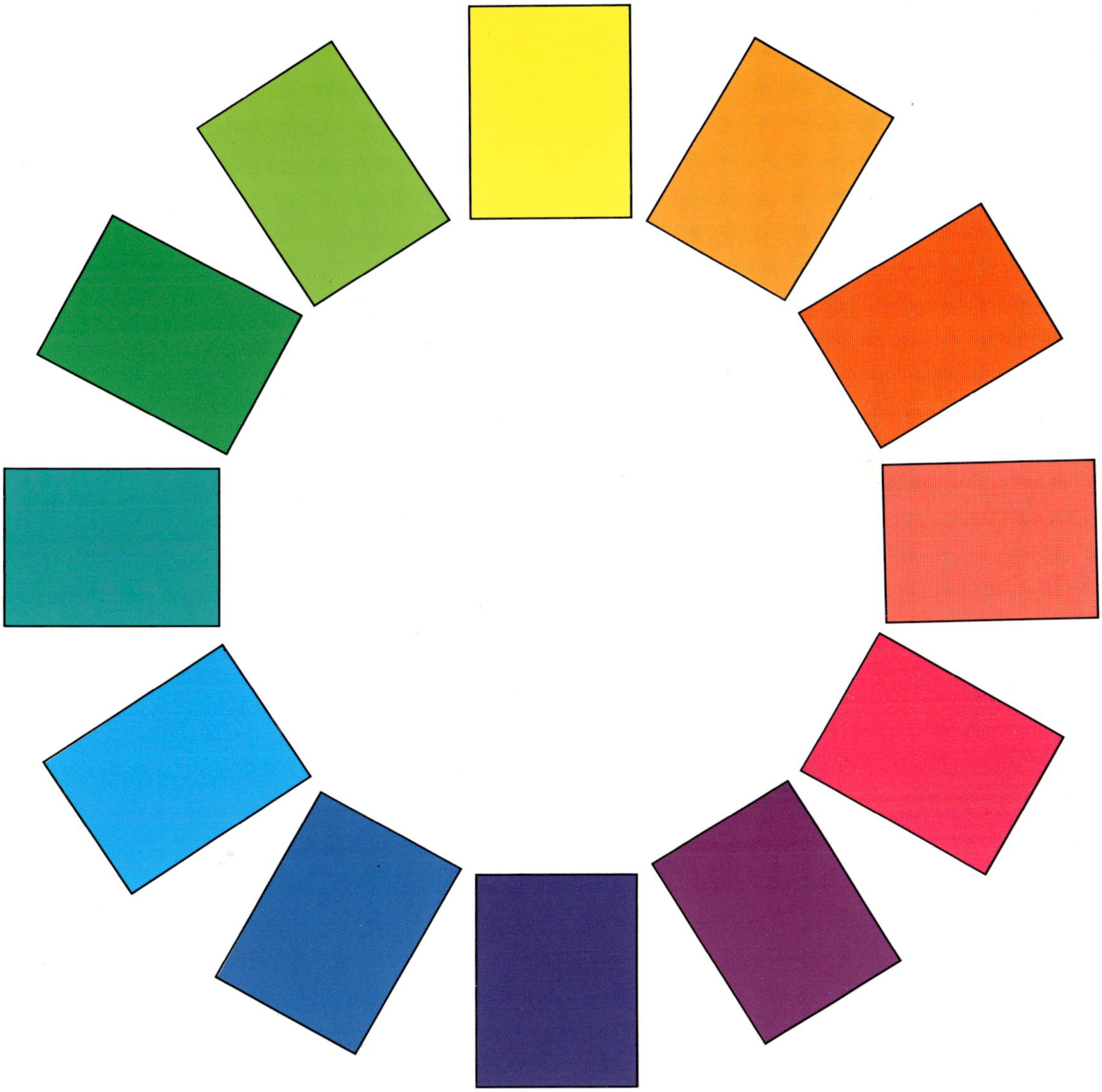

Wie gleich sind die Abstände?

Beim geometrisch eingeteilten Farbenkreis zeigt sich, dass die Primärfarben beim Mischen nicht die gleiche Intensität besitzen. Magenta wirkt sich am stärksten, Gelb am wenigsten aus. Das hat zur Folge, dass im Gelbbereich die Sprünge größer sind als im Blaubereich.
Sinnvoll ist es, eine empfindungsgemäße Gleichabständigkeit einzusetzen, was ohnedies dem Prinzip des Farbenmischens entspricht.

Für das Verhältnis zwischen Buntkraft und Hintergrund sind weitere Beobachtungen wichtig. Es trifft nicht zu, dass die reine, gesättigte Farbe in jedem Fall die intensivste ist. Gerade im Blau-Violett-Bereich steigern Aufhellungen die Farbkraft. Diese hängt jedoch wieder mit der Helligkeit des Hintergrunds zusammen.

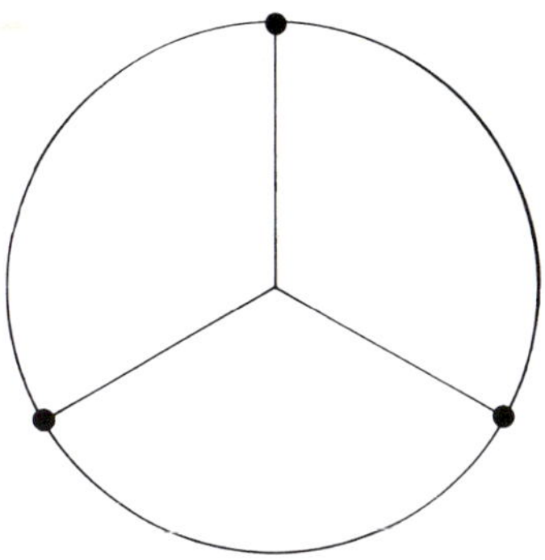

geometrisch gleichabständig

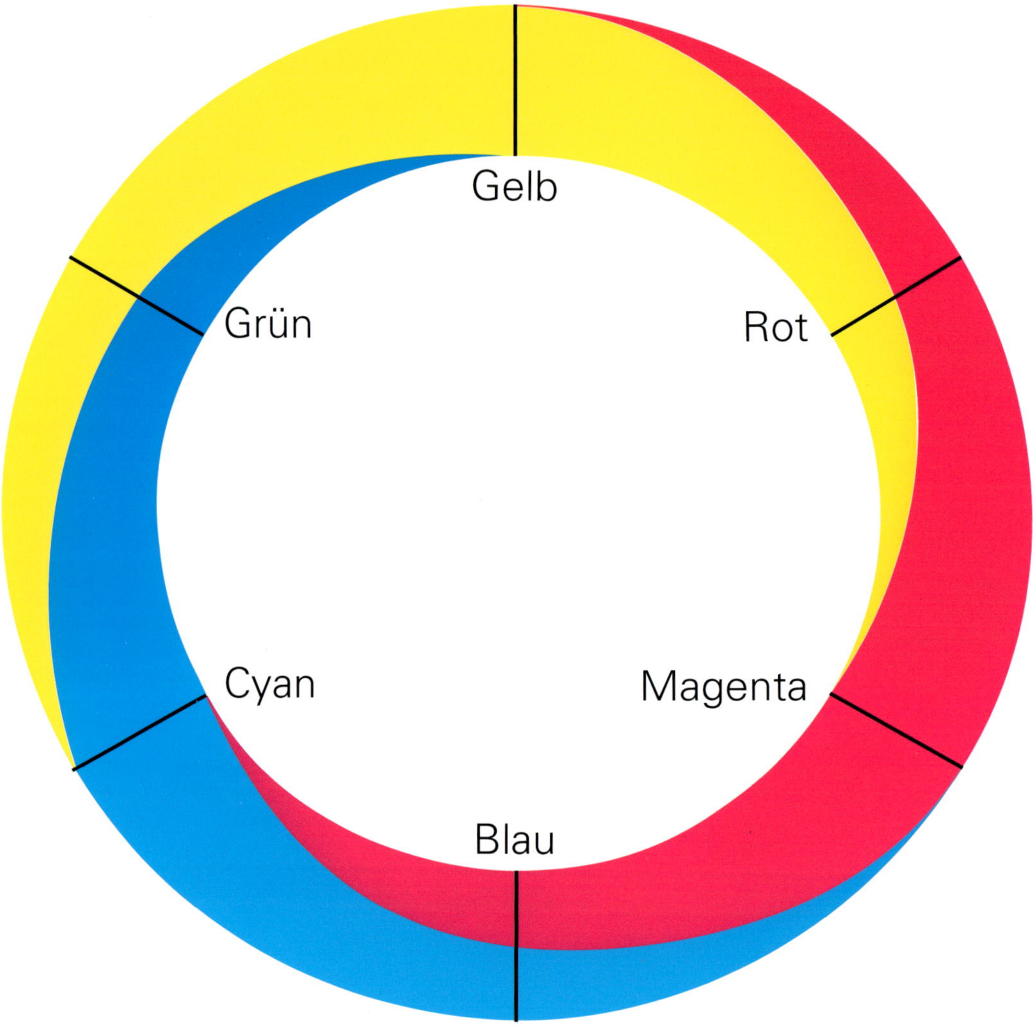

Die Anteile der Primärfarben bestimmen die Abstufungen der dazwischen liegenden Sekundärfarben

Tertiärfarben sind Mischungen, bei denen alle drei Primärfarben zusammentreffen. Sie umfassen vor allem den großen Braunbereich. In der Umwelt überwiegen die Tertiärfarben bei weitem gegenüber den gesättigten Buntfarben, die nur als Highlights bei Blumen, Schmetterlingen und Fischen vorkommen. Sekundärfarben umfassen jeweils ein Drittel des Farbenkreises. Durch eine Mischung mit einer Farbe aus dem gegenüberliegenden Komplementärbereich kommen alle drei Primärfarben zusammen. Dadurch werden Reinheit und Buntkraft vermindert; es entstehen gebrochene Farben. Diese verminderte Buntkraft bedeutet jedoch nicht, dass Tertiärfarben nicht intensiv und kräftig sein können.

Die Tertiärfarben lassen sich anhand von Farbwerttafeln, die aus den Primärfarben Gelb, Magenta und Cyan aufgebaut sind, sicher definieren. Bei den gebräuchlichen Reprotafeln werden 1000 Tertiärfarben aufgezeigt, die in Rasterwerten von je 10 Prozent abgestuft sind. Auch Zwischenwerte können mit dieser Methode erfasst und zahlenmäßig festgelegt werden.

Mit Schwarz zu Braun

Weniger bekannt ist die Mischmethode, bei der jeweils zwei Primärfarben, hauptsächlich aus dem Gelb- und Magenta-Bereich, zusammen mit Schwarz zu denselben Brauntönen führt wie die Mischung von drei Primärfarben. Man spricht hier vom Unbuntaufbau, der beim Druck von Tonflächen gleichberechtigt wie der Skalendruck eingesetzt werden kann.

Der Reiz der feinen Brauntöne

Sand ist die auf der Erdoberfläche am meisten verbreitete Substanz

Der Reichtum der Graunuancen

Modulationen nach Grau

Der Reichtum der Graunuancen

Graunuancen sind Mischungen von bunten Farben gleichzeitig mit Schwarz und mit Weiß. Der gesamte Bereich der Graumodulationen ist sehr umfangreich. Die Ergebnisse sind im Vergleich zu Weißmodulationen angenehmer und zurückhaltender. Viele auf diese Weise erzielten Nuancen sind noch unverbraucht und werden im Design bisher zu wenig genutzt. Das gilt auch für die gegenständliche Malerei, bei der besonders für Landschaftsmotive die Graunuancen der Natur vielfach nicht erfasst werden. Das kann daran liegen, dass man diese Töne so nicht käuflich erwerben kann; man muss sie sich selbst erarbeiten.

Bei Tonflächen im Mehrfarbendruck werden die Grautöne durch Aufrasterung erzielt (wie auch die gegenüberstehenden Farbreihen).

Räumliche Illusion in exakten Schritten: Victor Vasarely, SIR-RIS, 1952–65

Die Extreme Schwarz und Weiß

Unter Farben versteht man zunächst die bunten Farben. Schwarz und Weiß sind jedoch eigenständige und gleichwertige Farben. Sowohl in ihrem Charakter als auch in ihrer Bedeutung als Ausgangsfarben für Farbmischungen sind sie den Primärfarben gleichzustellen. Dass sie eine Sonderstellung einnehmen, erklärt sich aus dem Aufbau des Auges, das neben den Farbrezeptoren ein komplettes Schwarz-Weiß-System aufweist. Die Farben Schwarz und Weiß sind also nicht nur als Defizit von bunten Farben zu verstehen. In der Mode, in der Kunst und im Design werden sie völlig gleichberechtigt eingesetzt.

Schwarz und Weiß haben den Rang von Primärfarben.
Das Ausbleiben eines Lichtimpulses wird als Schwarz bezeichnet. Ebenso kann eine schwarze Fläche als Ergebnis des Zusammentreffens der drei bunten Primärfarben entstehen, und dann ist Schwarz eine eigenständige Mischfarbe.
Weiß ist eine Mischfarbe beim Licht: wenn alle drei Primärfarben voll vertreten sind, löschen sie sich sozusagen gegenseitig aus. Als Mischfarbe ist Weiß unverzichtbar, beim Aquarellieren und beim Druck als Papierweiß.

Manuelle Verwischungen auf einer Kohlezeichnung: Hubert Zimmermann, Nebelstimmung am Bodensee, 1992

Bei der Radierung werden Grautöne durch Schwarz-Weiß-Schraffuren erreicht: Rembrandt, Die Muschel, 1650

Gegensätzliche Farben

Ausgehend von der Definition, dass bei Körperfarben alle drei Grundfarben zusammen Schwarz ergeben, kann man jede Farbe auch mit Minusanteilen an den drei Primärfarben charakterisieren: jede Farbe, die nicht Weiß bzw. Schwarz ist, hat demnach Defizite an Primärfarben.
Diese Defizite ergeben eine zweite Farbe als Ergänzung zu den vollen Anteilen: die jeweilige Komplementärfarbe.
Dadurch ist gewährleistet, dass beide Farben zusammen den gesamten Bereich von je 100 Prozent der Primärfarben umfassen.
Im geometrisch abgestuften Farbenkreis stehen sich die Komplementärfarbenpaare gegenüber; zum Beispiel steht Magenta gegenüber von Grün, Magenta als Primärfarbe und Grün als Mischfarbe aus den Primärfarben Gelb und Cyan.
Dieses Prinzip gilt nicht nur für gesättigte Farben des Farbenkreises; jede Farbe hat ihre Komplementärfarbe. Das gilt auch für Schwarz, Beige oder Umbra.
Komplementärfarben sind immer Farbpaare. Werden sie ineinander gemischt, dann löschen sie sich gegenseitig aus. Dagegen steigern sie sich gegenseitig, wenn sie nebeneinander stehen.

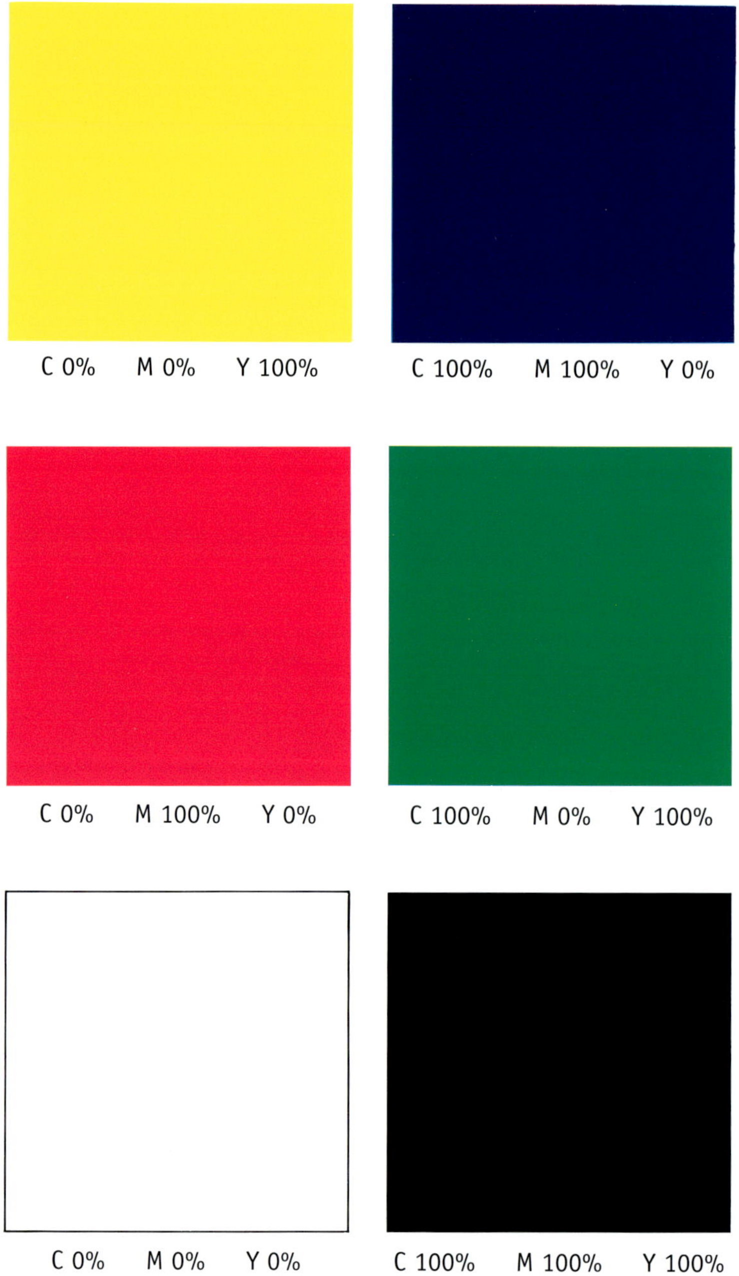

Jede Farbe hat ihre Komplementärfarbe. Die beiden Hälften zeigen die jeweilige Komplementärfarbe

Das Fotonegativ (rechts) zeigt das Bild in Komplementärfarben, die beim Abzug wieder komplementär rückversetzt werden

Steigerung durch komplementäre Farben

»Der Simultankontrast erzeugt den Dynamismus der Farben und deren Konstruktion, das heißt Tiefe, Proportion und Maß. Und er ist das stärkste Ausdrucksmittel der Wirklichkeit.« Robert Delaunay.

Robert Delaunay, Kreisformen, Sonne Nr. 1, 1912/13. Wilhelm-Hack-Museum, Ludwigshafen

Komplementäre Farben in der Malerei

In der Malerei kommt es nicht so sehr darauf an, ein exaktes Komplementärpaar zu finden und zu mischen. Von viel größerer Bedeutung ist die Gegenüberstellung mit einer bestimmten Farbe aus dem Komplementärbereich. Dabei werden Vorgänge wirksam, die mit dem Farbensehen und Farbenwahrnehmen zusammenhängen. Farben werden hier nicht isoliert, sondern simultan wirksam.

Der gesamte komplementäre Bereich ist dabei angesprochen, der beim Farbenkreis insgesamt das gegenüberliegende Drittel umfasst und in der genauen Komplementärfarbe den Höhepunkt erreicht. Dieses Prinzip basiert auf den Anteilen der Primärfarben: Grün umfasst die Primärfarben Gelb und Cyan, im gegenüberliegenden Drittel ist Magenta beteiligt.

Viele Maler benutzen die Simultanwirkung durch Zuordnung von Farben aus dem Komplementärbereich. Auf diese Weise wird die jeweilige Farbkraft gegenseitig gesteigert und eine lebhafte Gesamtwirkung erzielt. Dabei ist es nicht ausschlaggebend, ob der Maler bewusst oder intuitiv vorgeht. Die Farbsteigerung durch Komplementärfarben kann in der gegenständlichen wie in der abstrakten Malerei beobachtet werden. Ausschlaggebend ist nicht nur die Auswahl einzelner Farben, sondern das Zusammenwirken einander zugeordneter Farben.

August Macke, Mit gelber Jacke, 1913.
Ulmer Museum

Sonia Delaunay, Komposition, Rhythmus, 1955.
Centre Georges Pompidou, Musée national d'art moderne, Paris

Kasimir Malewitsch, Mädchen auf dem Felde, 1928/32. Staatliches Russisches Museum, St. Petersburg

Farbverläufe

Wenn wir uns umschauen, können wir feststellen, dass Farbverläufe sehr häufig auftreten, sowohl in der Natur als auch in der zivilisierten Umwelt und in der Kunst. Man kann sogar sagen, dass monochrome und fest umrissene Farbfelder die Ausnahme bilden.
Die Farbverläufe können nach hell oder dunkel oder in eine zweite Farbe übergehen, oder sogar mehrere Dimensionen umfassen. Meistens resultieren daraus reizvolle Seherlebnisse.

In der Malerei können Farben ohne feste Form ganz gezielt erreicht werden. Dabei entstehen Farbzonen ohne bestimmte Begrenzungen.
Bei dem oberen Beispiel kann man je nach Einstellung blaue oder rote Schwerpunkte feststellen.

Bei diesem Ölbild des Autors entstehen Farbzonen, die unmerklich ineinander übergehen. Der Aufbau der roten Struktur ist identisch mit der blauen, aber um einen Takt versetzt.

Die Vielzahl der Farben

Wie viele Farben lassen sich unterscheiden?

Die Angaben darüber gehen weit auseinander. Für Computerprogramme sind über 16 Millionen Farben registriert, die aber in diesem Umfang vom Auge nicht wahrgenommen werden.

Das British Council of Color hat folgende Untersuchungsergebnisse darüber, was das Auge leisten kann, erstellt:

1400 Blautöne, 1375 Brauntöne, 1000 Rottöne, 820 Grüntöne, 550 Orangetöne, 50 Grautöne, 360 Violetttöne, 12 Weißtöne.

Bunt x Unbunt

Man kann sich der Gesamtzahl der Farben auch dadurch annähern, dass man alle möglichen Mischungen berechnet. Dabei kann man von den 160 Farbtönen des Spektrums ausgehen und diese mit Weiß und mit Schwarz mischen. Auch bei großzügigem Überschlag kommt man auf maximal 100000 unterscheidbare Farbtöne. Bei der Anwendung in der Kunst und beim Design wird bei weitem nicht das gesamte Repertoire genutzt, und dies nicht wegen des Fehlens an Möglichkeiten, sondern vielmehr aus Mangel an Fantasie und Experimentierfreudigkeit.

Unpräzise Namen

Die meisten Farbnamen leiten sich von bekannten Gegenständen ab:

– aus dem Pflanzenreich: Gras, Aprikose, Zitrone, Kirsche...
– aus dem Tierbereich: Fuchs, Maus, Rabe, Kanarienvogel...
– aus dem Mineralbereich: Kupfer, Rubin, Granat, Türkis...

Bolivische Indianer haben rund 200 Namen allein für Grüntöne, und die Maori Neuseelands verwenden 40 Farben für Wolken.

Farbnamen dienen der verbalen Verständigung und sind mehr oder weniger präzis. In der Werbung und beim Design wird durch bestimmte Anmutungen eine Aufwertung beabsichtigt wie: Cybergreen, Cool-white, Technoblau, Polarweiß, Jazzblue.

Farben-Quiz

Es ist gar nicht so einfach, die einzelnen Grüntöne zu identifizieren und richtig zu platzieren.

Die Versuche, eine Farbenordnung zu finden, gehen bis ins 17. Jahrhundert zurück. Alle basieren auf Grundfarben. Bereits im Jahr 1611 erkennt Forsius die Grundfarben Schwarz, Weiß, Gelb, Grün, Rot und Blau; Johannes Zahn unterscheidet 1685 Weiß, Gelb, Rot, Blau und Schwarz. Diese Feststellungen haben bis heute ihre Gültigkeit behalten. Dabei wurden die populären Bezeichnungen Gelb, Rot und Blau durch die heutigen (Gelb = Y, Magenta = M, Cyan = C) präzisiert. Dass Grün als Grundfarbe immer wieder mit einbezogen wird, ist nicht ungewöhnlich, da es nicht unbedingt als Mischfarbe angesehen wird (die Bezeichnung Grundfarben ist im Gegensatz zu Primärfarben auch nicht festgelegt).

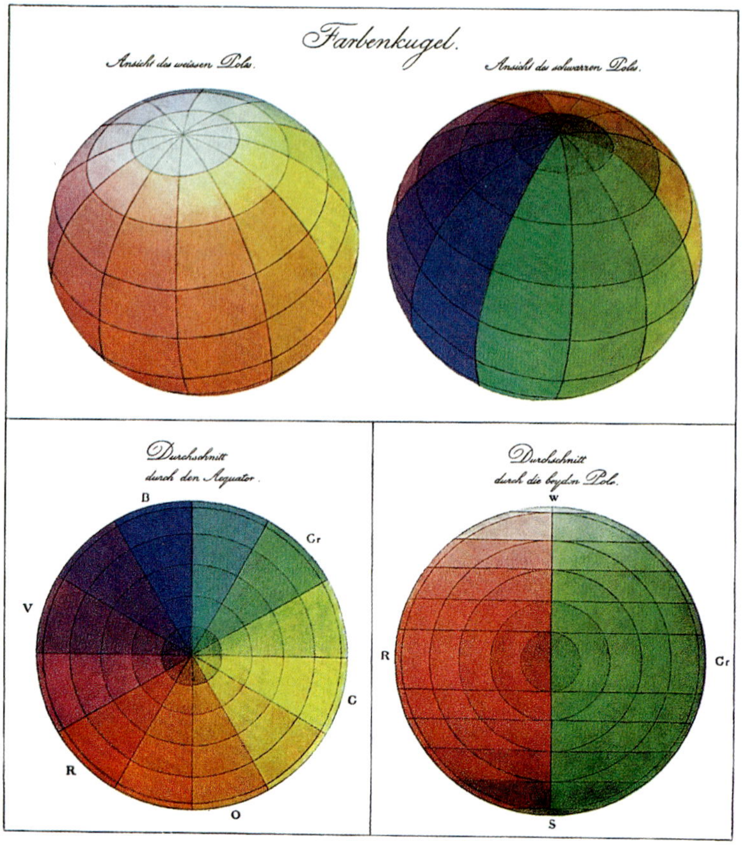

Farbenkugel von Philipp Otto Runge, 1810

Die Basis für weitere Darstellungen ist das Farbensechseck mit den drei Primärfarben und den drei dazwischenliegenden mittleren Sekundärfarben. Der Farbenkreis ist eine Erweiterung dieses Modells.
Doch bald erkannte man, dass man mit zwei Dimensionen die Farbenvielfalt nicht erfassen kann, und ging zu Farbkörpern über. Der Maler Philipp Otto Runge entwarf in Korrespondenz mit Goethe seine bis heute anerkannte Farbkugel. Dabei wird der Äquator durch den Farbenkreis dargestellt, der Nordpol für Weiß und der Südpol für Schwarz, deren Mittelachse eine Grauleiter bildet. Im 20. Jahrhundert berücksichtigte Munsell die unterschiedliche Helligkeit, was zu einem asymmetrischen Modell führte. Dagegen basiert das Natural Color System (NCS) auf den vier Grundfarben Gelb, Rot, Blau und Grün und dem Modell eines Doppelkegels.

Keine vierte Dimension

Auf einer zweidimensionalen Farbtafel können maximal drei Parameter auftreten, zum Beispiel Abstufungen von Cyan, Gelb und Weiß. Beim dreidimensionalen Farbkörper sind es maximal vier Parameter: entweder die drei Primärfarben und Weiß oder je zwei der drei Primärfarben plus Weiß, plus Schwarz. Da es keine Möglichkeit gibt, beide Systeme zu vereinigen, existieren beide Modelle gleichberechtigt nebeneinander. Grundfarben für alle Möglichkeiten des Mischens von Körperfarben sind die drei bunten Primärfarben Gelb, Magenta und Cyan und die zwei unbunten Farben Schwarz und Weiß. Somit kann jede Farbe nach ihren Anteilen an diesen fünf Farben definiert werden, aber eben nur tabellarisch und nicht anschaulich, da fünf Parameter nicht gleichzeitig gezeigt werden können.

Vom Körper zur Fläche

Gleichgültig, welche Form ein Farbkörper hat, sieht man zunächst nur die Oberfläche. Erst durch Zerlegen eines Farbkörpers in Schnitte werden die Abstufungen aus dem Innern des

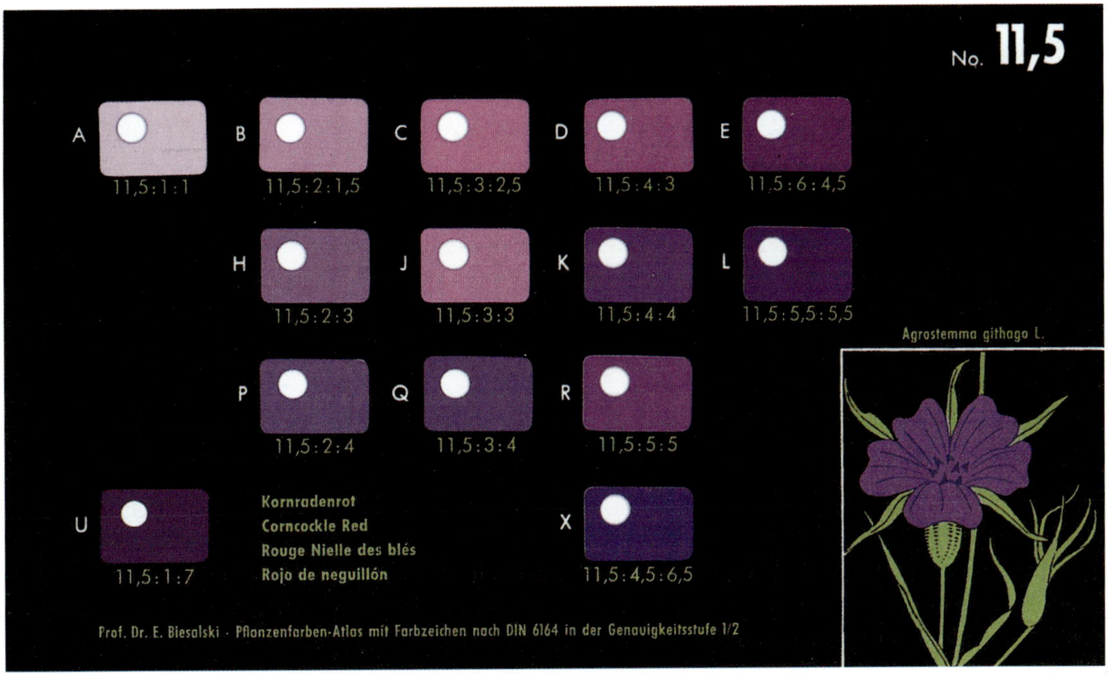

Pflanzenfarbenatlas nach DIN 6164 (insgesamt 24 Blätter)

Farbkörpers ans Licht gebracht. Es sind also letztlich immer Reihen von einzelnen Farbtafeln, die ein Farbsystem sichtbar machen.
Alle Farben des NCS (insgesamt 1750 Farbmuster) können nach den Kennziffern nachgemischt werden, zum Beispiel mit Lackfarben.

Farbmuster nach Bedarf

Neben den systematischen Farbenordnungen haben sich Farbensammlungen bewährt, die nach den Bedürfnissen der Anwender zusammengestellt wurden wie HKS, Pantone und RAL (siehe hierzu das Kapitel »Farben-Techniken«, S. 146ff.).

Einen aufschlussreichen Vergleich bietet die RAL-Farbensammlung für Lackfarben, da sich die Farbauswahl allein an der Nachfrage orientiert. Dabei hat sich dieses Angebot ergeben: Gelb 23, Orange 9, Rot 19, Violett 6, Blau 19, Grün 28, Grau 29, Braun 17, Weiß, Schwarz und Aluminium 8

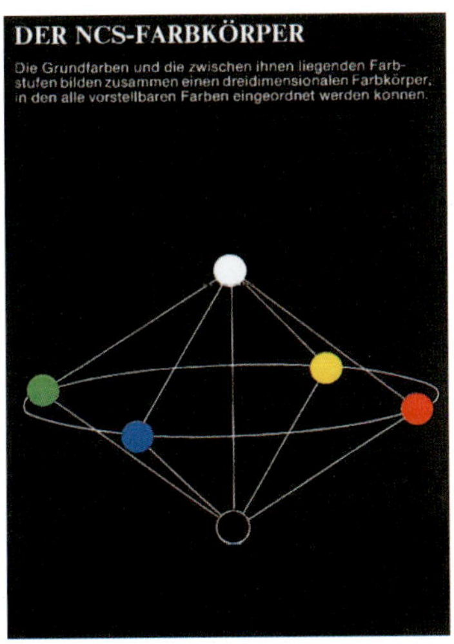

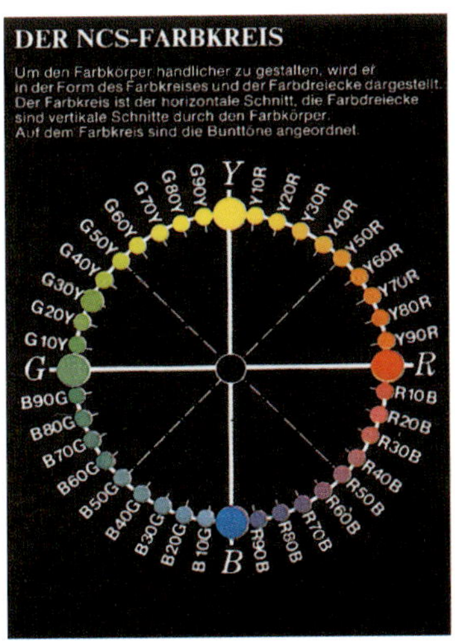

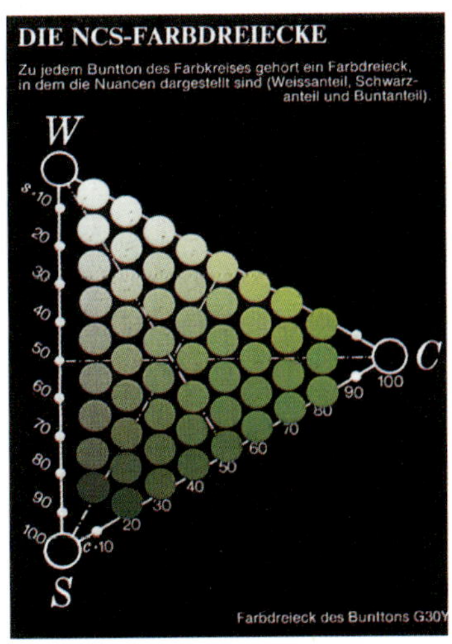

Kennziffern statt Namen für eine Farbe

Durchtelefonierbare Farben

Victor Vasarely hatte einen heftigen Disput ausgelöst, als er vorgab, seine Bilder könnten telefonisch weiter gegeben werden. Das geht tatsächlich, wenn sich sowohl Sender als auch Empfänger auf dasselbe Kommunikationssystem bei der Farbfestlegung geeinigt haben.

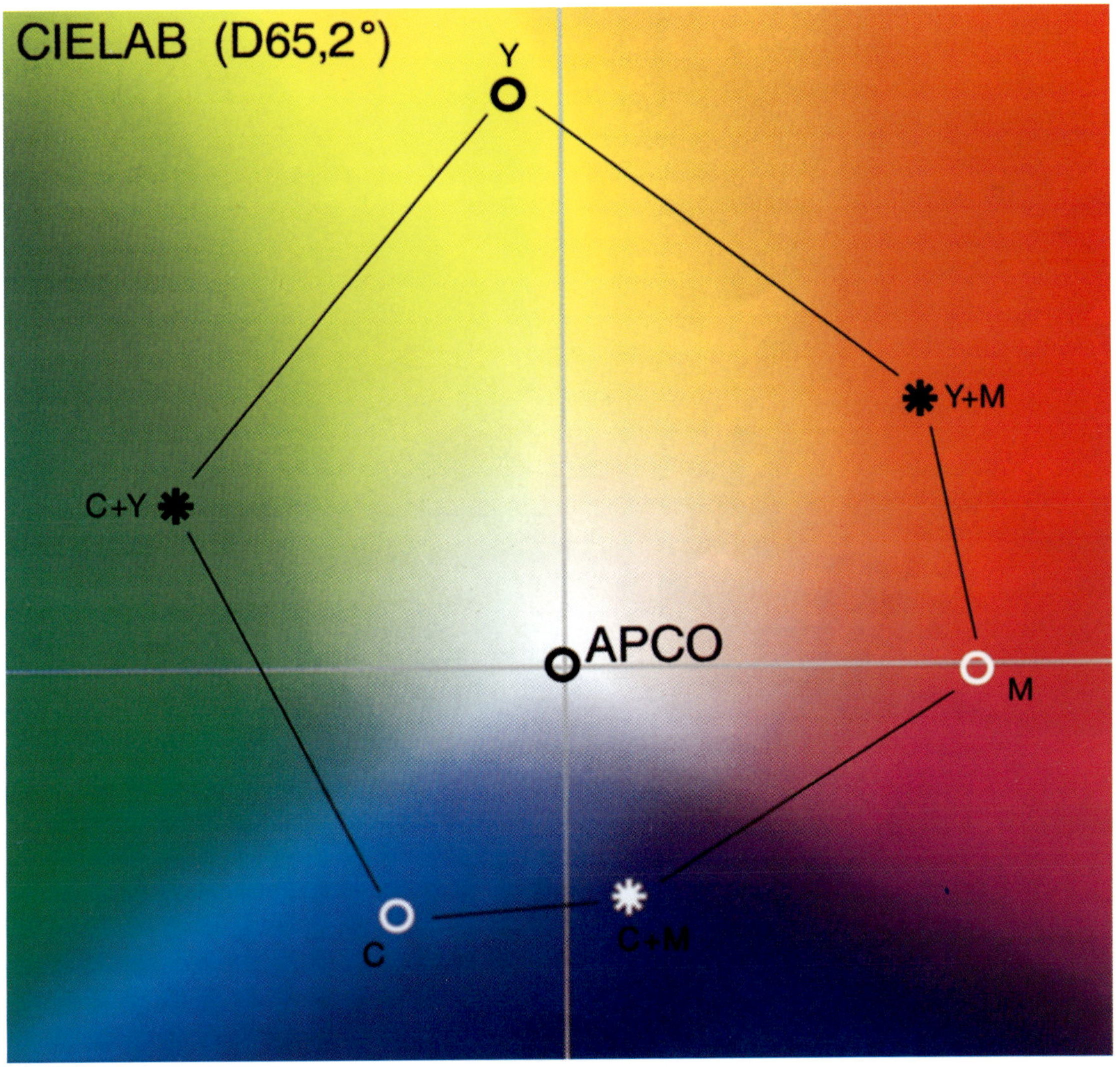

Intensive Lichtfarben

Das CIELAB-Farbsystem für Lichtfarben zeigt eine zunehmende Sättigung von innen nach außen. Die Primärfarben der Körperfarben (C, M, Y) und deren mittlere Mischungen erreichen nicht die Werte der Lichtfarben. Das wirkt sich vor allem bei den neuen Technologien aus, bei denen Bildschirmfarben in Druckfarben umgerechnet werden.

Körperfarben haben im Vergleich zu Lichtfarben eine deutlich geringere Intensität.

Physiologische Farben

Dass Farben nicht nur einen objektivierbaren physikalischen Wert haben, sondern vom Menschen durchaus unterschiedlich erfasst werden, war das besondere Anliegen von Goethe – und auch der eigentliche Anlass für seine Auseinandersetzung mit den Theorien des Physikers Isaac Newton. Goethe stellte die Beobachtung in den Mittelpunkt seiner Farbenlehre und unterstrich mit dem Begriff der »physiologischen Farbe« seine Einstellung, dass die Farbe primär ein Phänomen der menschlichen Wahrnehmung ist.

Bis heute ist Goethes Farbenlehre Anlass zu heftigen Diskussionen. Dazu bemerkt der Physik-Nobelpreisträger Werner Heisenberg: »Goethes physiologische Farbenlehre muss heute noch ausgetragen werden.« Schon bald nach dem Erscheinen von Goethes Farbenlehre legte Eugène Chevreul (1786–1889) sein vielbeachtetes Buch über Farbkontraste vor. Darin beschrieb er aufgrund seiner Beobachtungen sieben Arten von Kontrasten. Diese wurden um 1900 von Adolf Hoelzel aufgegriffen und später von dessen Schüler Johannes Itten übernommen.

Einen wichtigen Beitrag zur künstlerischen Analyse des Farbensehens leistete der Bauhauslehrer Josef Albers, vor allem während seiner Lehrtätigkeit in den USA. In seiner Siebdruckserie *Interactions of Color,* aber auch bei seinen Ölgemälden visualisiert Albers die Wechselbeziehungen der Farbe: »In visueller Wahrnehmung wird eine Farbe beinahe niemals als das gesehen, was sie wirklich ist, das heißt als das, was sie physikalisch ist. Dadurch wird die Farbe zum relativsten Medium der Kunst.«

Farben – nebeneinander

Wenn unterschiedliche Farbimpulse in direkter Nachbarschaft das Auge treffen, so beeinflussen sich die Farben gegenseitig. Chevreul hat hierzu den Begriff Simultankontrast geprägt. Das Auge hat die Tendenz zur Kontrastverstärkung. Dabei wirkt die größere Fläche auf die kleinere. Die Farbverschiebungen vollziehen sich in drei verschiedenen Richtungen (und können kombiniert auftreten).

Dasselbe Grau?

1. Verstärkte Farbunterschiede: Der jeweilige Abstand der Farben im Farbenkreis beziehungsweise im Spektrum erscheint größer als bei isolierter Betrachtung.
2. Verstärkte Helligkeitsunterschiede: Dieselbe Farbe erscheint auf einem helleren Hintergrund dunkler als auf einem dunkleren. Das gilt auch für Grautöne.
3. Verstärkte Sättigung: Eine etwas getrübte Farbe wirkt auf grauem Hintergrund bunter, auf einem gesättigten dagegen noch getrübter.

Eine graue Farbe bekommt auf buntem Hintergrund eine scheinbare Beimischung durch die Komplementärfarbe der Hintergrundfarbe. Vergleichende Beobachtungen von Simultanwirkungen sind besonders augenfällig.

Da Farben nur im Sonderfall als isolierte Flächen auftreten, kann man davon ausgehen, dass wir fast immer die meisten Farben unter dem Einfluss der Simultanwirkung, also mit verstärktem Kontrast empfinden.

Simultankontrast

Farbverschiebungen durch unterschiedliches Umfeld

Sonia Delaunay, Farb-Rhythmus, 1958. Centre Georges Pompidou, Musée national d'art moderne, Paris

Simultane Farben in der Malerei

In den meisten Fällen werden beim Malen Farben mit anderen Farben konfrontiert (um das zu vermeiden, hat Ellsworth Kelly riesengroße einfarbige Bilder angefertigt). Dem Maler müssen die Farbveränderungen durch gegenseitige Beeinflussung jedoch nicht bewusst sein, da er sowohl beim Sujet wie auch bei der bildlichen Darstellung des Sujets vom sichtbaren Erlebnis ausgeht und nicht von den isolierten Einzelfarben. Der Simultaneffekt ist jedoch sehr häufig wirksam. Man geht nicht zu weit, die Veränderungen durch simultane Farben als Normalfall anzunehmen. Das gilt für die gegenständliche wie für die abstrakte Malerei. Da durch die Simultanwirkung in jedem Fall die Kontraste und damit auch die Farbkraft gesteigert werden, ist sie ein wichtiges Mittel der Malerei.

Welches ist die »richtige« Farbe?

Wer ein Veroneser Grün aus der Tube auf eine weiße Leinwand aufträgt, erzielt eine ganz charakteristische Farbe. Die Farbprobe ist in Frequenzanteilen und in der Helligkeit messbar. Das ist eine eindeutige Bestimmung.
Wird beim Malen eines Blumenstückes das Grün einem Karminrot gegenübergestellt, verändern beide ihre Farbigkeit. Sind die Farben unzuverlässig oder unterliegen wir Sehtäuschungen?

Farbe ist keine absolute Größe

Alle Farbeindrücke sind richtig, aber eben nur unter den jeweiligen Bedingungen. Es gibt nicht die neutrale, immer gültige Bestimmung für eine Farbe, sondern nur die jeweilige Farbsituation. Der Farbeindruck ist trotz der zum Teil beträchtlichen Verschiebungen objektiv, da er unter den gleichen Bedingungen immer gleich und dadurch wiederholbar ist.
Diese Feststellung ist deshalb fundiert, weil Farbe nur als Seherlebnis existiert – ohne das menschliche Auge gibt es keine Farberscheinung. Es ist deshalb berechtigt (und auch naturwissenschaftlich gesichert), der Farbempfindung die gleiche Relevanz einzuräumen wie den physikalischen Messdaten.

Farbmischungen im Auge

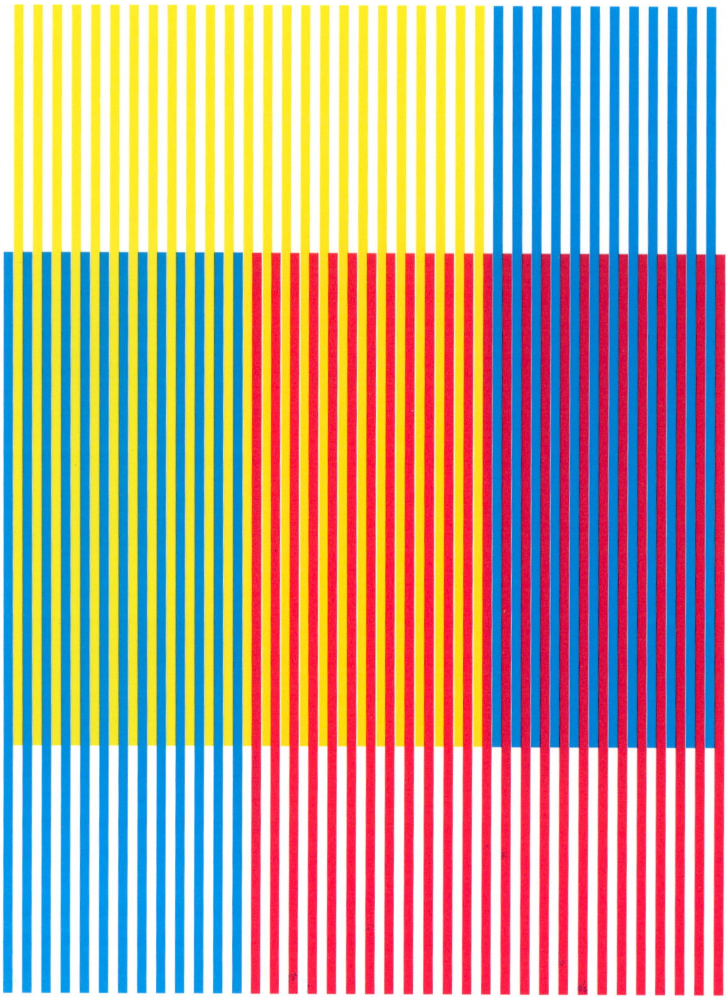

Mit zunehmendem Abstand entstehen durch optische Mischung die Primärfarben der additiven Farbmischung

Das visuelle Wahrnehmungssystem ist außerordentlich leistungsfähig; dennoch stößt es zwangsläufig an die Grenzen der Differenzierungsfähigkeit. Das passiert dann, wenn kleine Elemente so nahe zusammenliegen, dass sie innerhalb des Sehwinkels von zwei Grad bleiben und dann nicht mehr einzeln registriert werden können. Dadurch entsteht eine Mischfarbe: schwarze Punkte auf weißem Papier verschmelzen im Auge zu einem Grau, gelbe und blaue zu Grün.

Diese Eigenschaft des Auges wird in den verschiedenen Technologien, wie etwa beim Rasterdruck, in der Fotografie und beim Farbfernsehen, gezielt eingesetzt.

Dasselbe passiert bei einer raschen Bildfolge, bei der die Impulse unter 1/18 Sekunde liegen. Bei der Filmvorführung laufen in einer Sekunde 24 Einzelbilder über die Leinwand und lassen den Eindruck eines fließenden Prozesses entstehen.

Vergleichbar mit der Wechselwirkung von simultanen Farbeindrücken beeinflussen sich Farben auch dann, wenn sie nacheinander an derselben Stelle auftreten.

Ein starker Eindruck beim Sehen wird sowohl in der Farbintensität als auch in der Helligkeit vermindert. Diese Verminderung wirkt für einige Zeit nach. Blickt man danach auf eine neutrale Fläche, so erscheint diese in den betreffenden Teilen nicht neutral, sondern im komplementären Bereich: Ein roter Fleck erscheint als grünliches Nachbild (und umgekehrt), eine weiße Stelle erscheint als dunkles Nachbild (und umgekehrt).

Richard Anuskiewicz versteht es, optische Farbmischungen im Auge des Bildbetrachters bei der Komposition seiner Siebdrucke (1965) zu berücksichtigen.

Farben – nacheinander

Nachbilder treten gleichermaßen bei bunten und unbunten Farben auf. Chevreul hat hierfür den Begriff »Sukzessivkontrast« geprägt.
Besonders starke Nachbilder entstehen durch die intensiven Reize, die von Lichtquellen direkt ausgehen. Man kann sie noch lange als Nach- bzw. Negativbilder auch bei geschlossenem Auge beobachten. Beim Fernsehbild kann man Nachbilder immer dann wahrnehmen, wenn auf einen starken Farb- und Helligkeitseindruck eine neutrale Fläche folgt.
Hier wird eine Eigenart des Auges wirksam, die als Schutzvorrichtung gegen zu starke und zu lange Impulse zu sehen ist. Nur in extremen Fällen werden uns Sukzessiveffekte als Nachbilder bewusst. Tatsächlich aber wird unser Auge immer von den vorhergehenden Impulsen beeinflusst, was zu wesentlichen, wenn auch nicht nachvollziehbaren Farbveränderungen führt.

Bei raschem Wechsel von Impulsen kann das Auge die Einzelelemente nicht differenzieren, sondern bildet im Sehvorgang Mischtöne aus.

Farbphänomene

Farben sind immer wieder für Überraschungen gut. Unter bestimmten Konstellationen treten physikalisch unerklärliche Effekte auf, die sich unter denselben Bedingungen auch wiederholen. Es ist nicht einzusehen, diese Vorgänge als Täuschung zu bezeichnen. Vielmehr sollte man sich zu eigenen Beobachtungen anregen lassen.

Beim Versuch, das Kreuz in der Mitte zu fixieren, bewegen sich die Augen früher oder später. Dann entstehen wandernde Nachbilder in der Randzone.

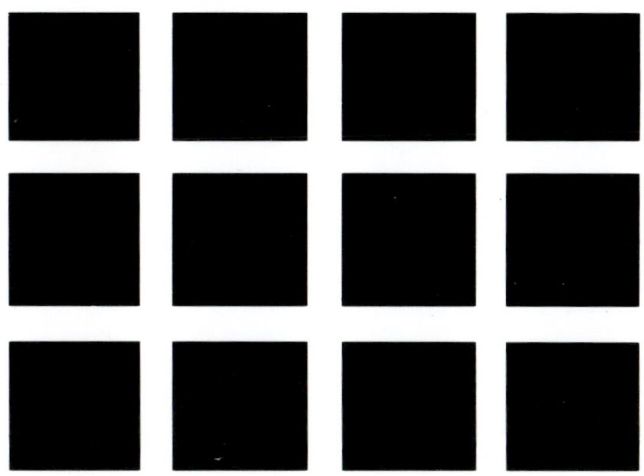

Was bewirkt die Bildung der dunklen Flecken?

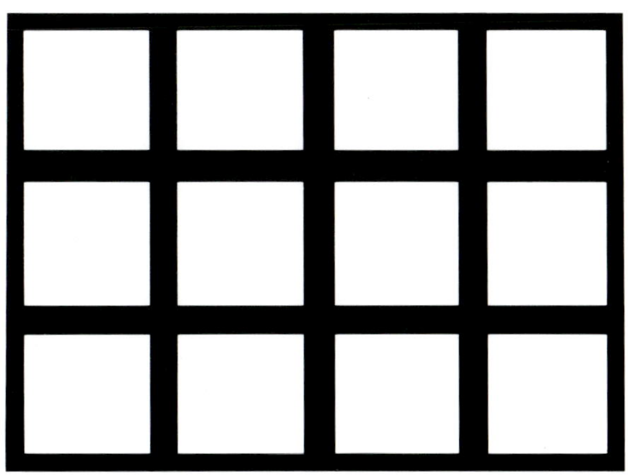

Woher kommen die hellen Flecken?

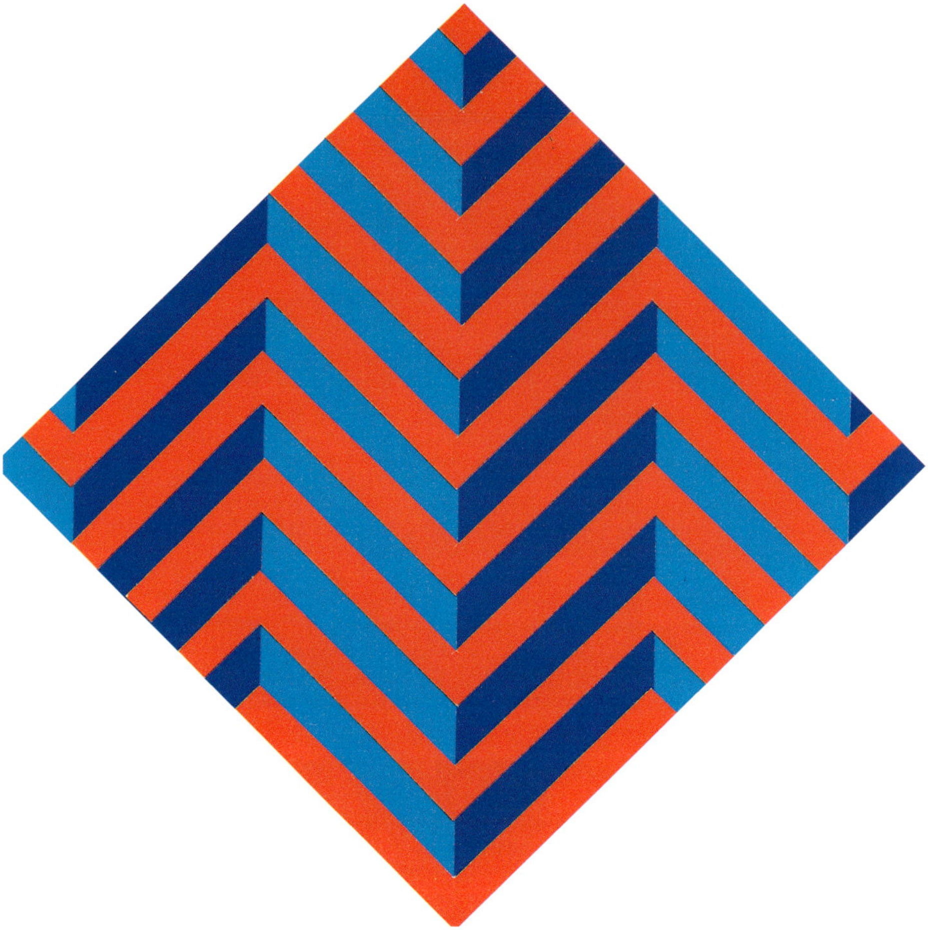

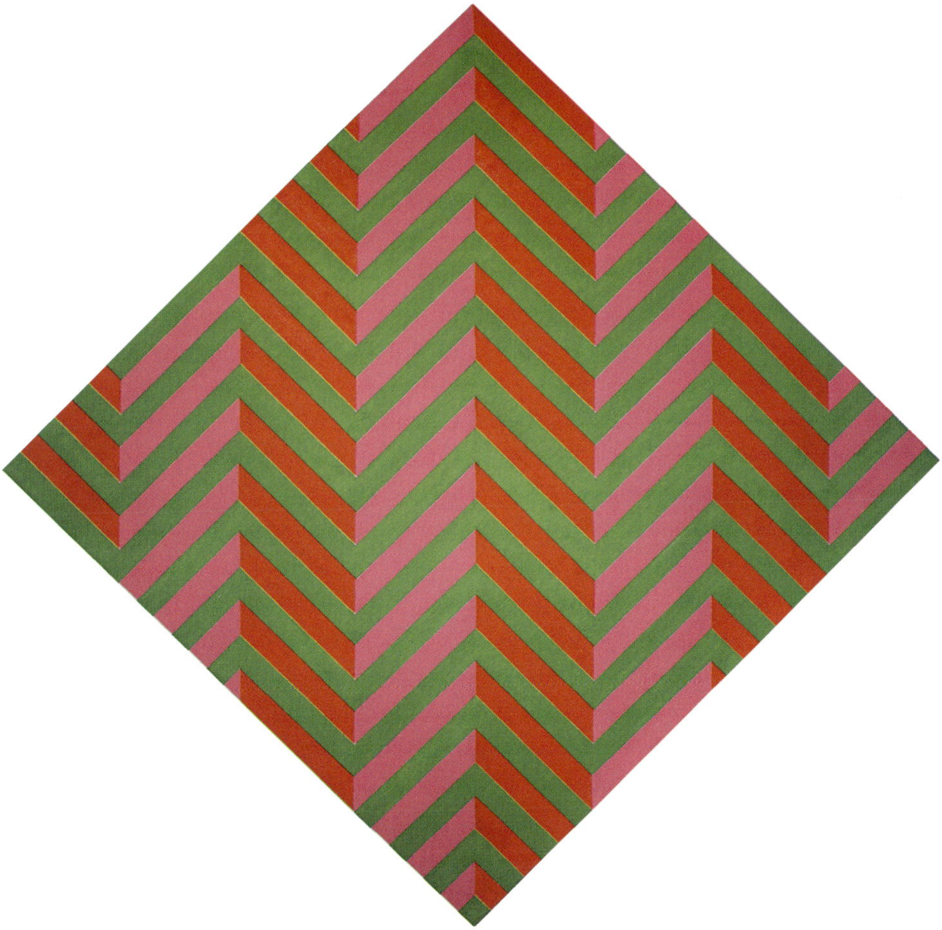

Raumtiefe durch Farbe

Bei dem immerwährenden Problem, eine dreidimensionale Szene in ein zweidimensionales Bild zu übertragen, kann man die Farbe ganz bewusst für die räumliche Wirkung einsetzen. Es geht darum, dass manche Farben weiter vorn liegend als andere erscheinen. Solche Beobachtungen sind jedoch nicht eindeutig, wie sich bei verschiedenen Untersuchungen gezeigt hat.

Ob eine Farbe sich nach vorne zu drängen scheint, hangt in besonderem Maß von ihrer Fähigkeit zur Aufmerksamkeitserregung ab. Es ist nicht zufällig, dass gerade einem mittleren Rot diese Eigenschaft immer wieder zugesprochen wird.
Hier sind jedoch verschiedene Faktoren gleichzeitig wirksam. Mit Sicherheit spielen die Eigenhelligkeit der beteiligten Farben sowie die nähere Umgebung beziehungsweise der Hintergrund eine Rolle. In vielen Fällen provoziert bereits der Bildaufbau den Effekt von Raumtiefe, besonders wenn Perspektiven und Isometrien beteiligt sind. Für sachliche Untersuchungen ist es aufschlussreich, bei der gleichen Zeichnung die Farben auszutauschen und die Ergebnisse zu vergleichen. Da eigene Assoziationen bei der Farbwahrnehmung immer mit einbezogen werden, sind auch hier keine eindeutigen, für alle Fälle gültigen Rezepte greifbar.

Der Simultankontrast bewirkt, dass die jeweils benachbarte Farbfläche im Kontrast zur Nachbarfarbe gesteigert wird. Dadurch sieht man die beiden Randstreifen unterschiedlich.

Scheinbarer Farbverlauf

Scheinbarer Verlauf innerhalb von Unistreifen als Ergebnis des Simultankontrastes.

Die beiden äußeren Verlaufszonen provozieren einen scheinbaren Verlauf beim mittleren Uni-Streifen.

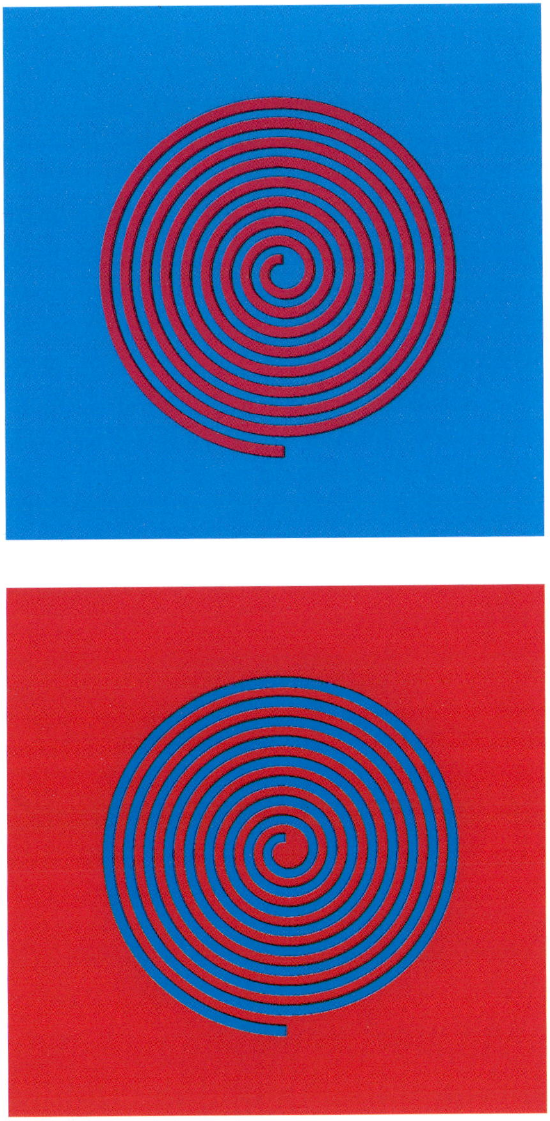

Bekannter Bewegungsstimulator, der in der Psychologie verwendet wird

Nicht die Streifen bewegen sich, sondern die Augen.

Bridget Riley, Current, 1964. The Museum of Modern Art, New York, Philip C. Johnson Fund

Bei bestimmten regelmäßigen geometrischen Mustern ist es für das Auge schwierig, sich festzulegen. Eine mögliche Erklärung für den Effekt des »Flackerns« beruht auf der Beobachtung, dass der Mensch nicht in der Lage ist, die Augen völlig ruhig zu halten. Dadurch entstehen besonders in Übergangszonen von Schwarz-Weiß-Mustern scheinbare Bewegungen. Sie werden zwar vom geometrischen Muster provoziert, vollziehen sich aber erst beim Sehvorgang.

Absolut gleiche Muster veranlassen die Augen zur Bewegung, aber man meint, dass sich das Muster bewegt.

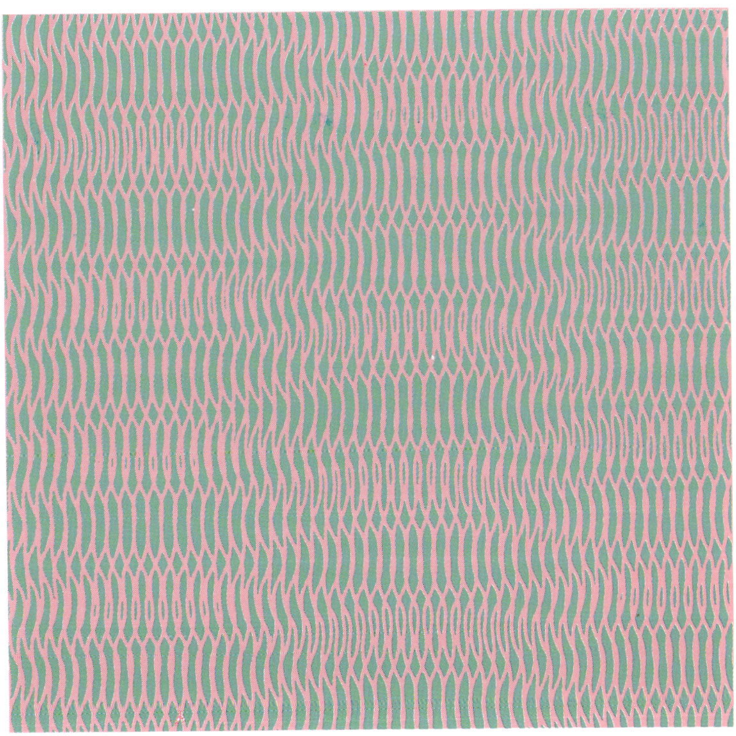

Farbirritationen

Man sieht zunächst nicht das, was tatsächlich vorhanden ist, sondern was das Auge daraus macht:

1. Die senkrechten blauen Balken scheinen sich nach links zu neigen.

2. Die durchgehenden roten Balken sehen aus wie gezackt.

3. Aus einiger Entfernung sieht man kreisförmige Muster.

Induzierte Farben

Es gibt eine ganze Reihe von Mustern, bei denen Farben gesehen werden, die in der Vorlage gar nicht vorhanden sind, also erst beim Sehen erzeugt werden. Man bezeichnet sie als induzierte Farben. Besonders interessant sind Farberscheinungen beim Betrachten von Schwarz-Weiß-Vorlagen. Die meisten Beobachtungen gehen ins 19. Jahrhundert zurück und können nicht erklärt werden.

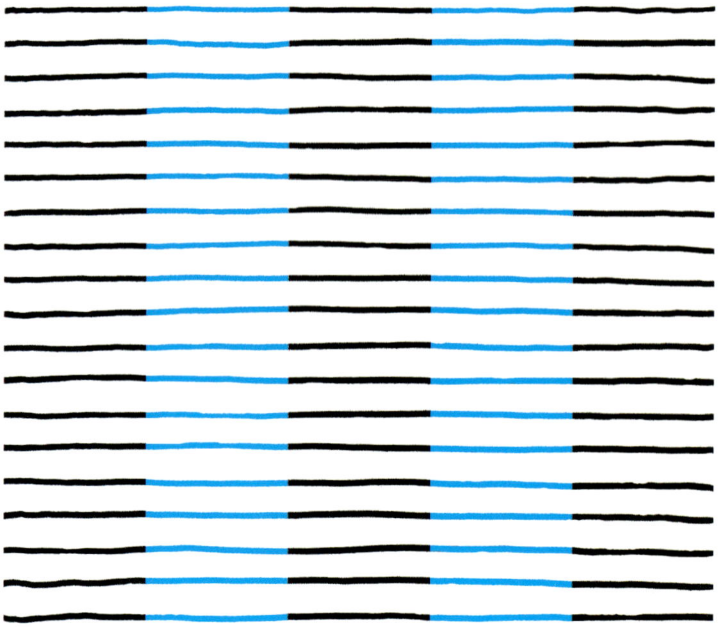

Der Maler Carlos Cruz-Diez sieht im Zusammenspiel der schwarzen und weißen mit den blauen Streifen ein Gelb zwischen den schwarzen Streifen.

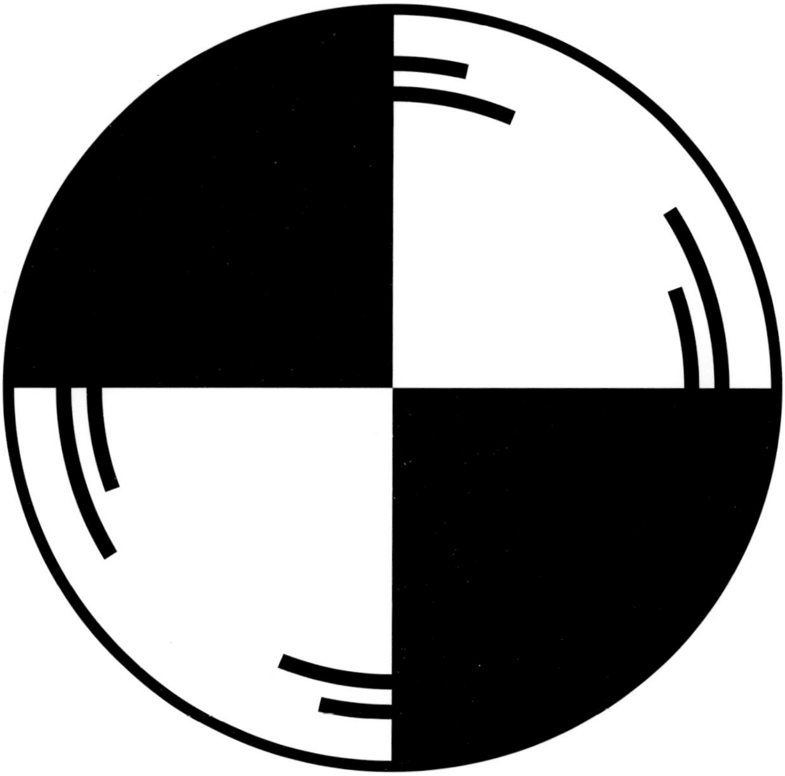

Benham, Wheel, 1894. Bei der Drehung sieht man Farben, die nicht im Muster enthalten sind. Dreht man den Kreisel in entgegengesetzter Richtung, dann ist auch die Farbreihenfolge umgekehrt. Dafür gibt es keine Erklärung.

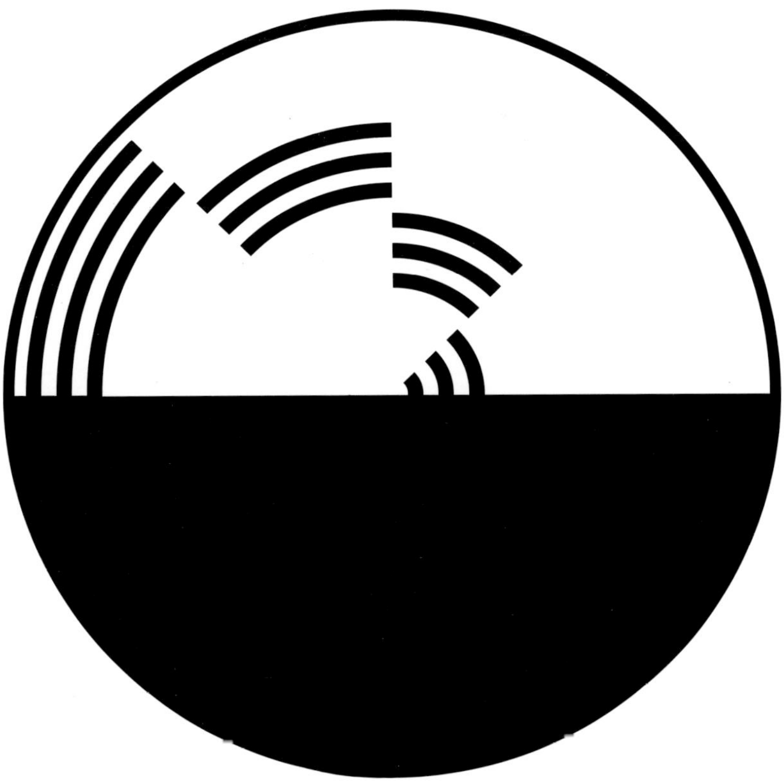

Farbharmonien

Farbtonleiter entsprechend der Oktave in der Musik

Farbkomposition nach einem Musikstück

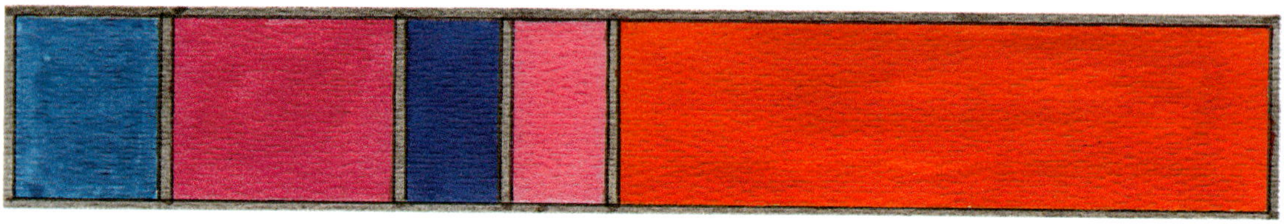

Streben nach Harmonie

Eine »wohltuende Empfindung« ist ein sehr persönliches Erlebnis, das kaum beschrieben und noch weniger einer anderen Person genau vermittelt werden kann. Dabei besteht ein offensichtliches menschliches Bedürfnis nach Harmonie. Das macht sich bei der Kleidung, bei der Wohnungseinrichtung und vielen alltäglichen oder länger fristigen Entscheidungen bemerkbar, die im Bereich der Farben zum größten Teil spontan getroffen werden. Man redet dabei von Geschmack, über den man bekanntermaßen nicht streiten kann. Aber lassen sich dennoch Gemeinsamkeiten feststellen? Es gibt durchaus Übereinstimmungen. Wo sich gar Mehrheiten finden lassen, ist es nahe liegend, nach Gesetzmäßigkeiten zu fragen, die wiederum zu allgemein anerkannten Harmonieregeln führen können. Harmonien gibt es beispielsweise in der Musiklehre, und vielleicht muss man die Harmonielehre der Musik sinngemäß auf die Malerei übertragen, um zu ähnlichen Gesetzmäßigkeiten zu gelangen.

Es waren Maler, die nach diesen Gesetzen suchten. Aufschlussreich sind Stellungnahmen wie die von Philipp Otto Runge, der seine Auffassungen mit Goethe austauschte: »Und doch waltet in diesem freien, leichten Leben der Farben und Töne ein strenges Gesetz. Am reinsten erkennen wir ohne Zweifel das Gesetz der Farben in der Kunst. Denn in der ordnenden und schaffenden Seele des Künstlers muss das Gesetz der Harmonie der Farben heimisch sein und bestimmend hervortreten.« Runge, der als Maler und als Schöpfer der Farbenkugel bekannt ist, stellt hier die Disposition des Malers über die Regeln messbarer Gesetze.

Musik als Vorbild

Immer wieder wurde der Versuch unternommen, das Oktavsystem der Musikharmonik auf den Farbenkreis zu übertragen. Das Prinzip der Musikharmonie, erstmals von Johann Sebastian Bach im »Wohltemperierten Klavier« überzeugend vorgeführt, beruht auf dem Einsatz physikalischer Gesetzmäßigkeiten.
Pythagoras erkannte: »Wenn man eine Saite berührt und die Oktave des Tones hören will, muss man die Länge der Saite halbieren – eins zu zwei. Bei der Quinte ist es zwei zu drei und bei der Quart drei zu vier.«

Auch Isaac Newton stellte sich die Frage: »Könnten nicht Harmonie und Disharmonie von Farben aus dem Verhältnis der Schwingungen entstehen, die sich über die Sehnervenfasern in das Gehirn fortpflanzen, so wie Harmonie und Disharmonie von Tönen aus dem Verhältnis der Luftschwingungen entstehen?«

Schon vor Newton entwickelte der Mathematiker und Astronom Johannes Kepler eine Farbtonskala als Abfolge der Regenbogenfarben und erkannte, dass Farben in ihren Brechungswinkeln analog zur Musik messbar sind.

Der Analogieschluss von der Musikharmonik auf die geregelte Farbharmonie war naheliegend, da beide Vorgänge in Frequenzen gemessen werden. Doch alle Versuche führten nicht zu den erwünschten Ergebnissen. Am meisten fällt dabei auf, dass in der Musik bereits eine Abweichung von einem halben Ton zum Aufschrei führt, während sich eine vergleichbare Abweichung bei einer Farbenkombination so gut wie nicht bemerkbar macht. Voraussetzung für eine Farbharmonik nach physikalischen Gesetzen wäre jedoch, dass jede Abweichung zu Dissonanzen führt.

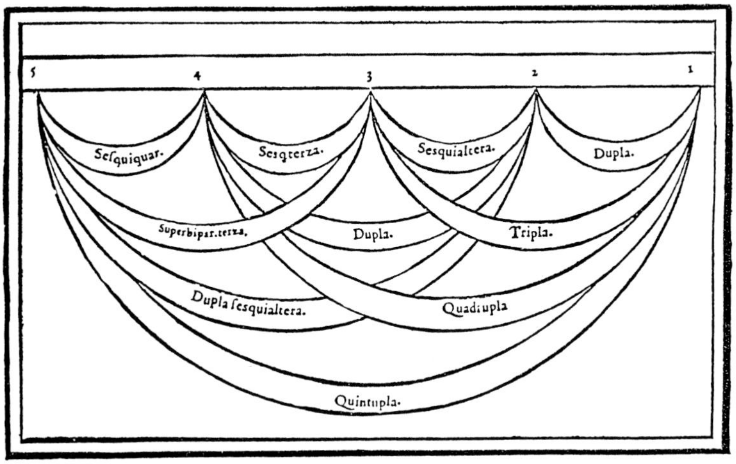

Gioseffo Zarlino, Schema der harmonischen Proportionen, 1573, nach einem Kupferstich

Die Maler und die Musik

Leonardo da Vinci: »Es gibt genauso ein Sfumato des hörbaren Tons wie des sichtbaren Farbtons.«

In der Romantik, im Expressionismus und in der konkreten Malerei haben Maler nach einer Korrespondenz zwischen Malerei und Musik gesucht. Franz Marc entdeckt in den Bildern von Robert Delaunay »rein klangliche Fugen«, und Marc bezeichnet seine eigenen Kompositionen als »farbige Fugen«. Camille Graeser spricht von einem »Klingen der Farbe« und einer »optischen Musik« und konstatiert: »Die konkrete Malerei ist der Musik gleichzustellen, denn sie schafft sinfonische Klänge für die Augen.« Und Hermann Hesse, der auch begeisterter Maler war, stellt ein »Konzert innigster Töne« und eine »Musik der Farben« fest.

Auf der Suche nach Harmoniegesetzen waren es vor allem die Maler, die versuchten, die Musikharmonie auf die Farben zu übertragen. Andererseits ging von Musikern die Idee aus, eine Farbenmusik zu entwickeln. Dabei wurden musikalische Aufführungen mit Farbenvorführungen verknüpft.
Bekannt wurde der Jesuitenpater Castel, der 1730 die Augenorgel erfand. In Verbindung mit einem Cembalo zeigte er Farbsequenzen, die durch Kerzen in 60 Fenstern erzeugt wurden. Castel veranstaltete regelmäßig Vorstellungen, auch vor den Berühmtheiten seiner Zeit, und fand viele Nachahmer. Durch die Einführung des elektrischen Lichts erweiterten sich die technischen Voraussetzungen und ermöglichten Farbenlichtspiele in Verbindung mit Musik. Der Däne Thomas Wilfried wurde mit der Erfindung eines Clavilux-Gerätes 1917 in den USA rasch bekannt und veranstaltete zahlreiche Wandervorführungen, auch auf der Art-Déco-Ausstellung in Paris 1925. Anschließend entwickelte er ein Heimgerät, bei dem man abstrakte Farbübergänge beobachten konnte. Einen neuen Impuls vermittelte in den 30er Jahren die Einführung des Farbfilms, die vor allem Oskar Fischinger zu seinen bis heute geschätzten abstrakten Filmen veranlasste. Am Ende des 20. Jahrhunderts kamen neue Technologien wie Computer und Laserstrahlen dazu.

Ähnliche Gefühle: ja!

Da sowohl die Musik als auch die Malerei unsere Gefühle ansprechen, können auf diese Weise Übereinstimmungen entstehen. So kann man »Bilder einer Ausstellung« in Musik übertragen oder sich beim Malen durch Musik inspirieren lassen. Diese wechselseitigen Beziehungen fallen unter den Begriff der Synästhesie.

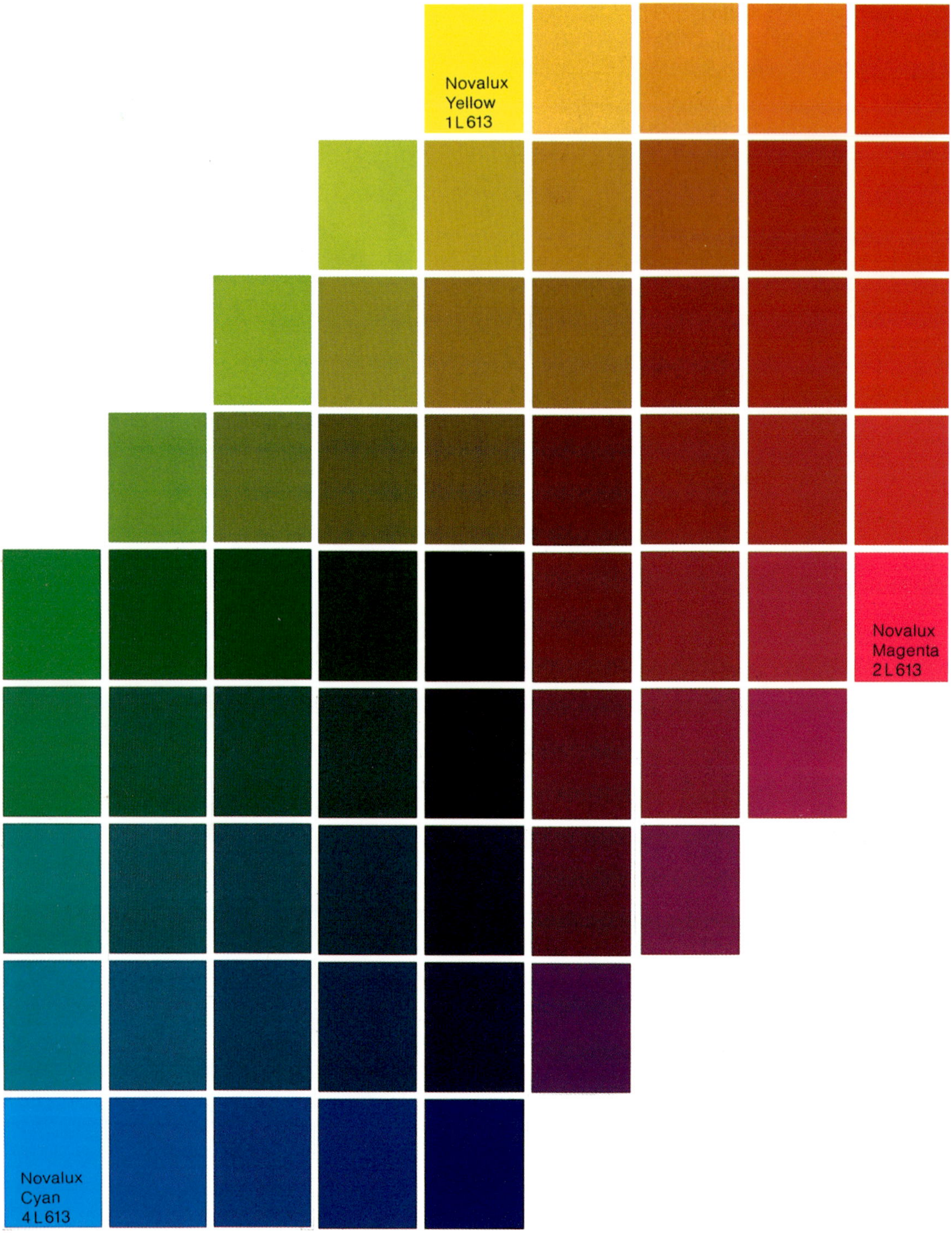

Farbharmonie durch Einbeziehung des gesamten Farbraums in systematischer Anordnung …

… und in freier Komposition

Harmonie – Hilfen?

Harmonie ist Übereinstimmung ohne Störung. Sie ist bei Farbzusammenstellungen leicht zu erreichen, indem man jedes Risiko von vornherein vermeidet. Je unauffälliger die Farben sind, desto geringer ist auch die Gefahr eines Fehlgriffs. Die Ergebnisse sind aber auf Dauer langweilig, so dass früher oder später der Wunsch nach Abwechslung aufkommt.
In Goethes Farbenlehre findet sich – in Abstimmung mit Schiller und Runge – die Forderung: »Das Auge verlangt ganz eigentlich Totalität und schließt in sich selbst den Farbenkreis ab. Die Totalität nebeneinander zu sehen macht einen harmonischen Eindruck aufs Auge.« Er akzeptiert damit nur Farbzusammenstellungen, die im Farbenkreis gleichabständig zueinander stehen und möglichst viele unterschiedliche Farben enthalten. Farbpaare, die im Farbenkreis nicht aus dem komplementären Bereich stammen, bezeichnet er als charakterlos. Dieselbe Auffassung vertrat Adolf Hoelzel auf der legendären ersten Farbentagung 1919 in Übereinstimmung mit Ostwald. Damit werden sichere Harmonien erreicht, jedoch sind auch stets die gleichen Ergebnisse prädestiniert.

Harmonie und Spannung

Je ungewöhnlicher Farbzusammenstellungen sind, desto mehr Interesse finden sie. Die Polarität von Harmonie und Spannung ist ein wesentliches Gestaltungselement. Sie beruht auf der wechselseitigen Beeinflussung und Steigerung von Gewohntem und Neuem.

Schematische erzeugte Farbklänge führen stets zu gleichen Kombinationen

Disharmonien?

Erstaunlich schwierig ist es, Disharmonien absichtlich herbeizuführen. Und trotzdem sind wir ständig mit Fehlentscheidungen konfrontiert. Das hängt aber weniger von der Farbwahl an sich als vielmehr vom Anwendungsbereich ab. Es gibt keine wirklichen und endgültigen Disharmonien, sondern nur deplazierte Zuordnungen. Um sich von allzu gewohnten Vorlieben zu befreien, kann man sich ganz bewusst den momentan modisch vernachlässigten Farben zuwenden. Oft genug werden diese dann auch durch solche Wiederaufdeckung akzeptiert und lösen die bisherigen Favoriten ab.

In der Mitte des 20. Jahrhunderts stellt Josef Albers bewusst die Suche nach Harmonie in Frage, wenn er schreibt: »Indem wir die Vorliebe für Harmonie aufgeben, erkennen wir die Dissonanz als ebenso wünschenswert wie die Konsonanz.«

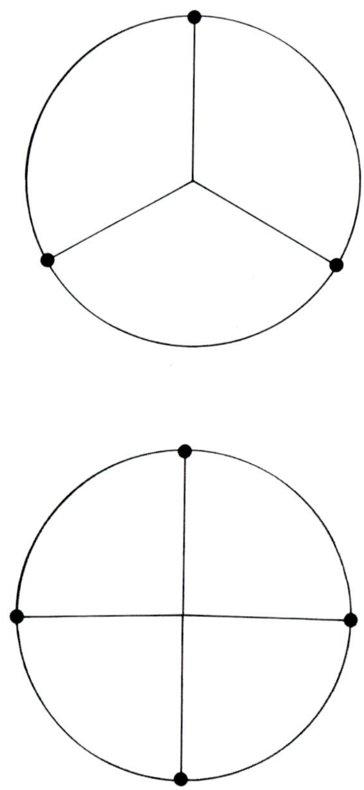

Dreiklang und Vierklang

KETTLER

BILDERWELT

Extra Quality

MULTIVITAMINE / MULTIMINERALSTOFFE

Von A bis Zink

Schönheit durch Struktur

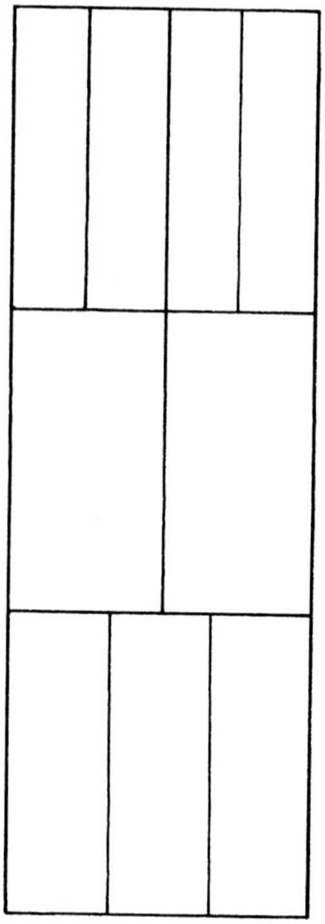

Geometrische Aufteilung eines konstruktivistischen Bildes

Symmetrien gotischer Bauwerke: Freiburger Münster, Grundriss des Turms

Leonardo da Vinci, Harmonische Proportionen des Menschen, in: Proportionslehre, 1479

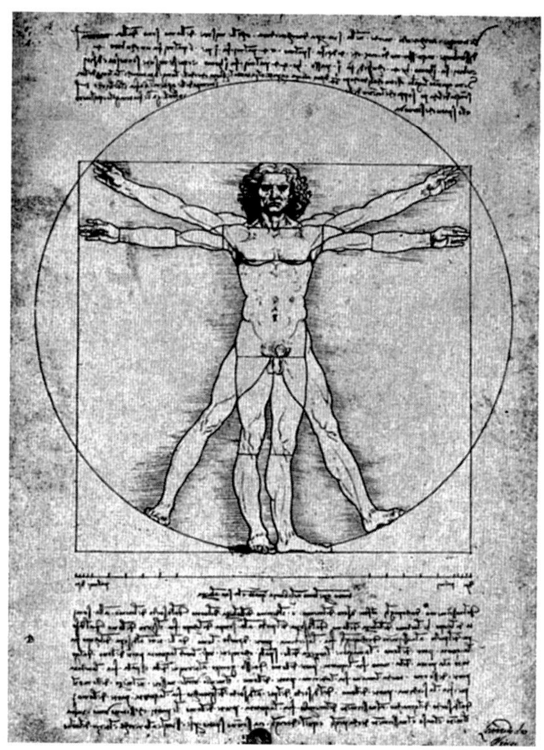

Auf der Suche nach Harmonie werden häufig Zahlenverhältnisse zugrunde gelegt, bekannt sind zum Beispiel Teilungen nach den Regeln des Goldenen Schnitts. Für Pythagoras sind Zahlen das Wesen aller Dinge, Kopernikus sieht einen harmonischen Zusammenhang zwischen Bewegung und Größe der Kugelschalen von Sternen, und auch Johannes Kepler leitet in seinen »Harmonices mundi« eine harmonische Ordnung von den Planetenbewegungen ab.

Von großer Bedeutung, vor allem in der Architektur, sind symmetrische Anordnungen, und in der konkreten Malerei werden Zahlenverhältnisse bei der Flächenaufteilung angewendet.

Musik wird sichtbar

Klangfiguren

Um 1800 unternahm E.F.F. Chladni Versuche, Schwingungsvorgänge sichtbar zu machen. Dies gelang ihm dadurch, dass er Metallplatten mit aufgestreutem Pulver durch einen Geigenbogen in Schwingung versetzte. Dabei entstanden unter denselben Bedingungen immer dieselben Figuren. Er sah darin einen Beweis für die Schönheit physikalischer Vorgänge.

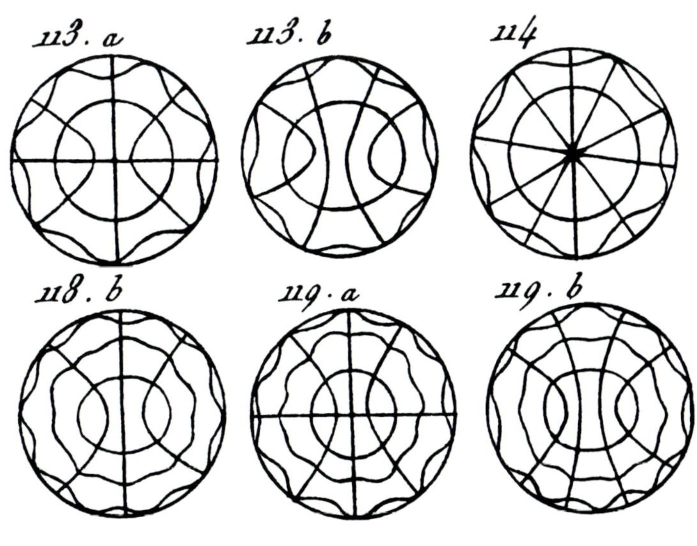

Logische Reihenfolge

Harmonie durch Einhaltung der physikalischen Reihenfolge

*Karl Gerstner macht die korrekte Abstufung zum Bildmotiv:
zwölffarbiger Siebdruck auf Einzelblättern mit ausgesuchten Pigmenten*

Auch wenn Harmonie-Erlebnisse in besonderem Maße auf subjektiven Gefühlen beruhen, lassen sich in der Summe der Entscheidungen Gemeinsamkeiten finden. Diese erheben nicht den Anspruch eines Gesetzes, sondern sind als Erfahrungswerte zu sehen. Daraus lassen sich dann einige Regeln als Orientierungshilfen ableiten.
Solche meist sicheren Ergebnisse konnten schon bei der Einhaltung der systematischen Reihenfolge beobachtet werden.

Farben, die untereinander eine
oder mehrere Gemeinsamkeiten
aufweisen, lassen sich mit hoher
Wahrscheinlichkeit zu einem
harmonischen Gesamtbild
zusammenbringen. Solche
Gemeinsamkeiten konnen sein:

eine Farbe mit Modulationen,
Reihen zwischen zwei Farben,
Tafeln aus drei und vier Farben,
Farben gleicher Helligkeit,
Farben gleicher Sättigung.

Durch das gemeinsame Blau entsteht eine Farbfamilie

Wollskala zur Prüfung der Farbechtheit

Marc Chagall erreicht mit dem für ihn typischen Blau ein besonderes Raumerlebnis: Marc Chagall / Charles Marq, Südliches Querhausfenster in der katholischen Kirche St. Stephan in Mainz

Modulationsfamilien

Acht bunte Farben werden in
gleichen Stufen nach Schwarz,
Grau und Weiß abgestuft.
In der gleichen Modulationsreihe
passen alle Farben in beliebiger
Auswahl und Reihenfolge
bestens zusammen.

Buntfarben 100 % + Schwarz 20 %

Buntfarben 100 % + Schwarz 40 %

Modulationsfamilien

Buntfarben 80 %

Buntfarben 80 % + Schwarz 20 %

Buntfarben 80 % + Schwarz 40 %

Buntfarben 60 %

Modulationsfamilien

Buntfarben 60 % + Schwarz 20 %

Buntfarben 60 % + Schwarz 40 %

Buntfarben 40 %

Buntfarben 40 % + Schwarz 20 %

Modulationsfamilien

Buntfarben 40 % + Schwarz 40 %

Buntfarben 20 %

Buntfarben 20 % + Schwarz 20 %

Buntfarben 20 % + Schwarz 40 %

Ton-in-Ton

Geringfügige Abstufungen ergeben einen harmonischen Gesamteindruck. In der Mode werden sie bisweilen bevorzugt.

Abweichungen

Durch den Austausch auch nur einer Farbe entsteht ein erheblich verändertes Gesamtbild.

Dieselbe Bildidee in verschiedenen Farben

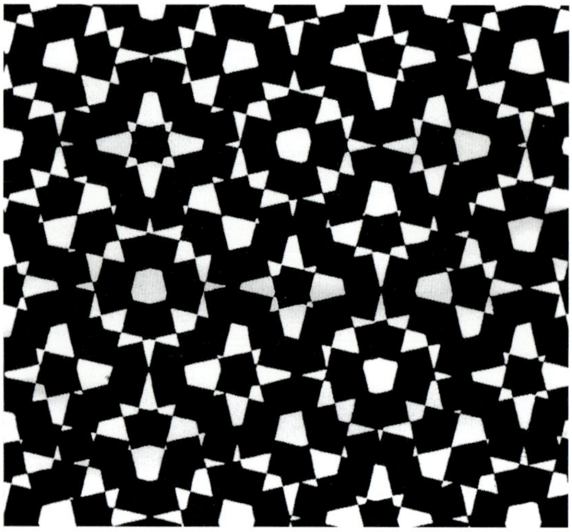

Amish Quilt, 19. Jahrhundert

POSTER EXHIBITION BY TEN WORLD ARTISTS
ROGER DEAN
JEAN MICHEL FOLON
SHIGEO FUKUDA
MILTON GLASER
HOLGER MATTHIES
KAZUMASA NAGAI
MAKOTO NAKAMURA
WALDEMAR SWIERZY
IKKO TANAKA
TADANORI YOKOO
緑と人―地球を守ろう
展
高島屋日本橋店 開店50周年記念
1982年5月5日[水・祝]―10日[月]
日本橋高島屋8F催事場 入場無料
主催―朝日新聞社
後援―森林文化協会／朝日イブニングニュース
協力―凸版印刷／大日本印刷／日本写真印刷
協賛―カルピス食品工業株式会社／株式会社資生堂
東京芝浦電気株式会社／ハウス食品工業株式会社
ミノルタカメラ株式会社―――（五十音順）

Antonio Calderara, Orizzonte, 1969

Antonio Calderara, Der Orta-See, 1958

Zauberschwestern

Zweifach sind die Phantasien,
Sind ein Zauberschwesternpaar,
Sie erscheinen, singen, fliehen
Wesenlos und wunderbar.

Eine ist die Himmelblaue,
Die uns froh entgegenlacht,
Doch die andre ist die graue,
Welche angst und bange macht.

Jene singt von lauter Rosen,
Singt von Liebe und Genuss;
Diese stürzt den Hoffnungslosen
Von der Brücke in den Fluss.

Wilhelm Busch

Farben – eine Geschmacksache

Den acht Farbkombinationen sind nach eigenem Ermessen die Begriffe zuzuordnen:

Zufall

Kitsch

Designer-Look

Ferien

Für Kinder

Harmonie

Fehlgriff

Frühling

Ein subjektiver Zuordnungsvorschlag

(von links oben nach rechts unten):

Für Kinder

Zufall

Frühling

Fehlgriff

Harmonie

Designer-Look

Kitsch

Ferien

CIGARETTEN
TABAK 1
Roth-Händle
Eingetragenes
Warenzeichen
Cigaretten
Die EG-Gesundheitsminister:
Coca-Cola
IT'S THE REAL THING
Lenin

TELEPHONE
SPD
rnstreik
gutes Rec
MON
CHERI
MAN
UN 2654

Color sells

Beim Design ist die Farbgebung von weitreichender Bedeutung. Die Entscheidungen reichen von der Produktgestaltung und dem grafischen Entwurf von Packungen bis zum koordinierenden Corporate Design, bei dem von der Visitenkarte bis zur Dienstkleidung ein charakteristisches Erscheinungsbild gewährleistet wird.

Farbe als Logo

Die Farbgebung einer Packung in Verbindung mit gleichartigen Werbemaßnahmen trägt wesentlich zur Profilierung und zum Wiedererkennungswert eines Markenprodukts bei. Welche Bedeutung den eingeführten Farben eines Produktprogramms zugemessen wird, zeigt sich am Beispiel der Firma Maggi, die sich die signifikante Kombination Rot-Gelb schützen ließ.

Störfälle der Sehgewohnheit

Wer nennt die Farben...?

Wie sehr sich Firmen und Produkte durch eine prägnante Farbgebung profilieren, kann jeder selbst überprüfen.

Welche Farben stehen für:

Lufthansa

Condor

Marlboro

Ferrari

Aspirin

Aral

Telecom

BMW

Olympische Spiele

Standards für Produktreihe

Trendfarben – einst und jetzt

Sehen wir heute Filme aus den 50er und 60er Jahren, amüsieren wir uns über die originelle Farbgebung der Wohnungen und der Kleidung. Wir können aber sicher sein, dass uns dies in Zukunft mit dem Design von heute ebenso gehen wird.
Ein Schlagwort von 1968 lautete: »Der manipulierte Käufer.« Aber kann man in einer freien Marktwirtschaft die Kaufentscheidung manipulieren? Nach jahrelangen und aufwendigen Untersuchungen, Käuferwünsche durch Umfragen zu ermitteln, geht man heute vielfach den umgekehrten Weg, indem man Trend-Scouts ausschickt, um neue Strömungen möglichst frühzeitig aufzuspüren. Ein dankbares Feld dafür sind Discos und Pop-Festivals. Die Recherchen der Trend-Scouts werden dann von Trend-Analysten ausgewertet und umgesetzt. Auch Leitfiguren, hauptsächlich aus dem Showbusiness, können Trends auslösen.

Lust auf Wechsel

Es ist eine Frage der persönlichen Einstellung, ob man sich einem Trend anschließt, was mehr oder weniger unbewusst geschieht. Die Bereitschaft zu etwas Neuem ist vorhanden, wenn die Zeit dafür reif ist. Im Rückblick kann jeder für sich selbst feststellen, wie sich sein eigener Farbengeschmack immer wieder geändert hat.

Die Farben-Auguren

Zweimal jährlich treffen sich Mitglieder der internationalen »Color Marketing Group«, um sich auf die Farben für die nächsten ein bis drei Jahre zu einigen. Interessant ist die Einbeziehung neuer Technologien. So gibt es zum Beispiel in der Innenarchitektur heute sogenannte Chamäleonfarben, die sich je nach Lichtsituation und Temperatur oder je nach Blickwinkel verändern. Von ähnlicher Wirkung ist Fensterglas, das sich den ganzen Tag über in der Farbtönung verändert. Für den Einkauf im Internet werden besonders helle Farben daraufhin geprüft, wie sie im Bildschirm erscheinen.

Farben-Design der 70er Jahre

Einheitsdesign für Jahrzehnte

Gruppengeschmack und Zeitgeist

Jeder gehört durch Beruf oder soziales Umfeld einer Gruppe an, auch wenn ihm dies nicht bewusst ist. So unterscheidet sich der Londoner Banker ganz selbstverständlich von einem Disc-Jockey, und der Dienstwagen eines Ministers wird sicher nicht pinkfarben sein.

Neben solchen Differenzierungen gibt es kurzlebige Strömungen, die gleichzeitig auftreten können. Als zur Zeit der Flower-Power-Bewegung Kalifornien im lebhaften Psychedelicrausch schwelgte, propagierte die für gewisse Kreise maßgebende Hochschule für Gestaltung Ulm ein schlichtes Grau.

Black ist beautiful

Schwarzes Design gilt in den USA als europäisch und hat einen hohen Prestigewert. Dieser Trend hat mit den Bauhausmöbeln begonnen und setzt sich mit Braun-Weckern und Porsche-Coupés fort. Als Statussymbole haben schwarze Prestigeobjekte ihren Preis.

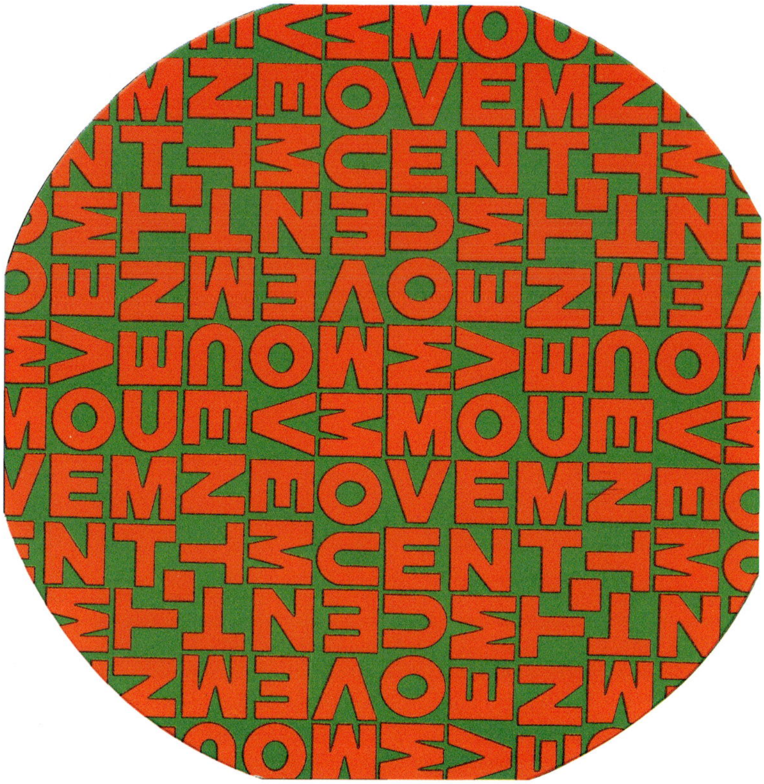

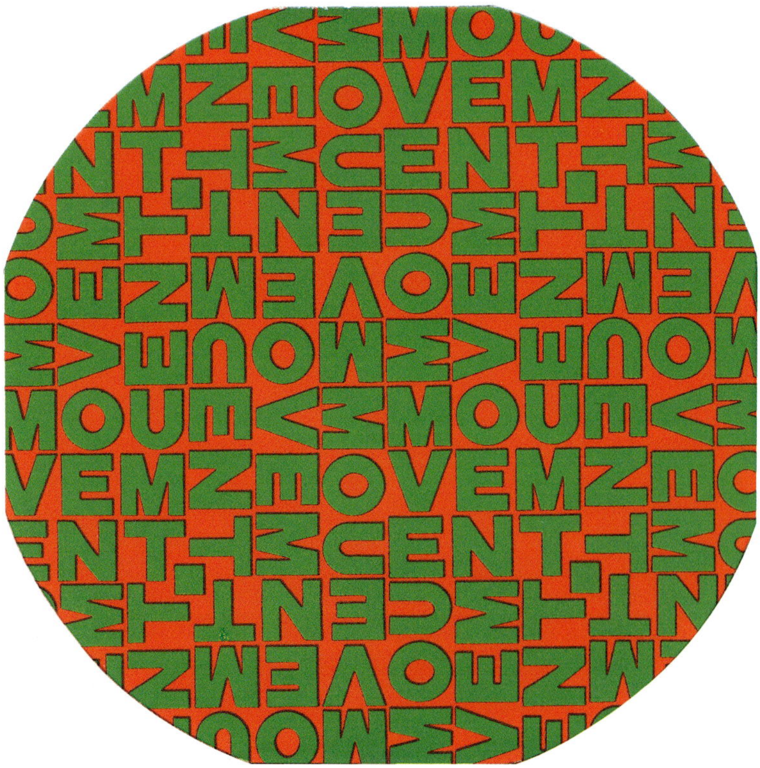

peter max

Werner Panton, Einrichtung im Verlagsgebäude des Magazins DER SPIEGEL, Hamburg
Grüne Wiese, Schwimmbad, Snackbar

Leinenstoff
Modefoto: Rico Puhlmann
Ölgemälde von R. Anuskiewicz
Tapete in Schwarz-Weiß-Gold
Teppich. Entwurf: Verner Panton
Modefoto: Rico Puhlmann
Tisch-Sets aus Leinen
55

Was Sie
in Schwarz-Weiß besitzen
(oder in der C&A-Auswahl finden:
z.B. dieses 2teilige Kleid für nur 69,75)
können Sie getrost in diesem Modewinter tragen
C&A

Farben italienisch

Zu Beginn der 80er Jahre taten sich in Mailand Designer zusammen, um das Design-Establishment zu provozieren, indem sie dem sogenannten »guten Geschmack« einen Vorstadtstil entgegensetzten. Durch frische Farben, freches Dekor und schräge Möbel wirbelten sie die von ihnen als langweilig empfundene Designszene durcheinander. Der rasche Durchbruch gab ihnen darin Recht, dass die Erwartung auf etwas Neues bereits latent vorhanden war. Besonders in den ersten drei Jahren benutzten sie alle bis dahin brachliegenden Stilmittel und waren in ihrer Materialwahl alles andere als elitär. Dazu gehörten auch die sonst in den Küchenbereich verdammten Laminate, die sich bestens für die typischen Dekors eigneten. Nach einiger Zeit bevorzugten die Designer wieder die mehr harmonischen Farbkombinationen und akzeptierten auch wieder Schwarz.

Heute haben die Memphisfarben ihren festen Platz in der Designgeschichte.

Ettore Sottsass, einer der maßgebenden Memphis-Designer, äußerte sich zu Memphis-Farben: »Keiner wollte verstehen, dass man Farben in Bereichen suchen musste, wo noch niemand sie abgenutzt hatte. So war das. Jetzt, wo wir unsere Erfahrungen gemacht und Tabus gebrochen haben, können wir alles einsetzen, was wir wollen…«

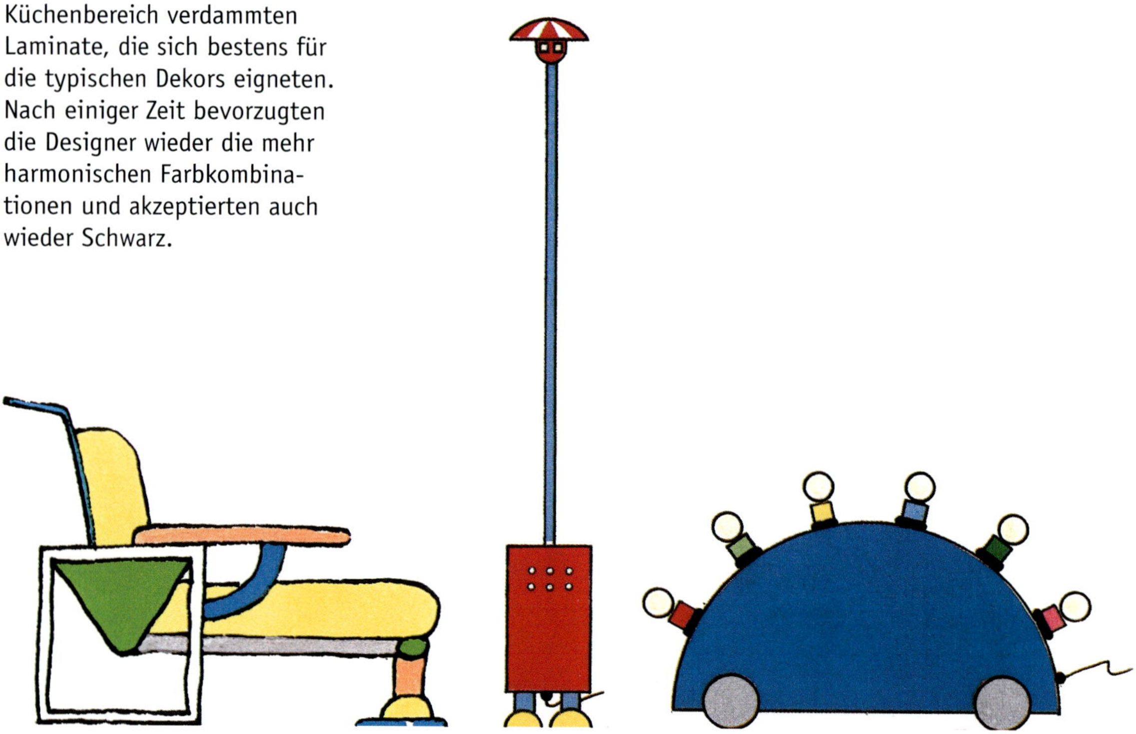

MEMPHIS

Männerthema Nr. 1

Wer sich für einen Autotyp entschieden hat, muss sich auch für eine Farbe entscheiden. Er hat dann die Wahl zwischen den Farben der Angebotspalette. Dabei hat sich gezeigt, dass sich Frauen anders entscheiden als Männer: Ihre Lieblingsfarbe ist Blau! Gerade die Autofarbe ist ein signifikantes Beispiel für einen stetigen Wechsel des Geschmacks. So kann man auf einem Parkplatz das jeweilige Baujahr des Autos oft schon an den Farben ablesen:

50er = Pastellfarben

60er = zweifarbig

70er = stark farbig

80er = zuerst Weiß, dann Schwarz

90er = bunt ist wieder gefragt

Und wie geht es weiter?

Bereits heute wird über das Farben-Design der nächsten Jahre entschieden. Die Prognose lautet: Metallicfarben sind wieder im Trend, besonders bei Prestigeautos.

Die Versuche, Lieblingsfarben durch Umfragen voraussagen zu können, führten zu größeren Lagerbeständen. Es ist eine Illusion, schon heute sagen zu können, was uns im nächsten Jahr gefallen wird. Um so wichtiger sind die Entscheidungen der Designer. Durch neue Produktionsmethoden ist es möglich geworden, die Autos nach Auftragslage zu spritzen.

Die sicheren Farben

Die heute bevorzugten starken Farben bieten durch bessere Erkennbarkeit eine erhöhte Sicherheit im Verkehr. Tests unter verschiedenen Lichtverhältnissen und in unterschiedlicher Umgebung haben bewiesen, dass vor allem helle Farben – und dazu gehört auch Weiß – und alle bunten Farben (außer Grün) am vorteilhaftesten sind.

Aus dem Programm eines Autotyps:

Flashrot	Yellow
Jazzblue	Softblue
Lemongelb	Cybergreen

Dekorfarben

Laminate sind bestens geeignet für Dekors aller Art, da die Farbgebung zunächst von bedrucktem Papier ausgeht, das anschließend beschichtet wird. Neben zahlreichen Imitaten behaupten sich einfarbige Korpusflächen und abstrakte Muster. Sie werden hauptsächlich im Küchenbereich, im Bad und dann auch im Büro eingesetzt. Aufschlussreich für die Entwicklung der Farbenpräferenzen sind Statistiken über Jahre hinweg nach verkauften Quadratmetern. Es zeichnet sich ab: *Beige geht, Grau kommt.*

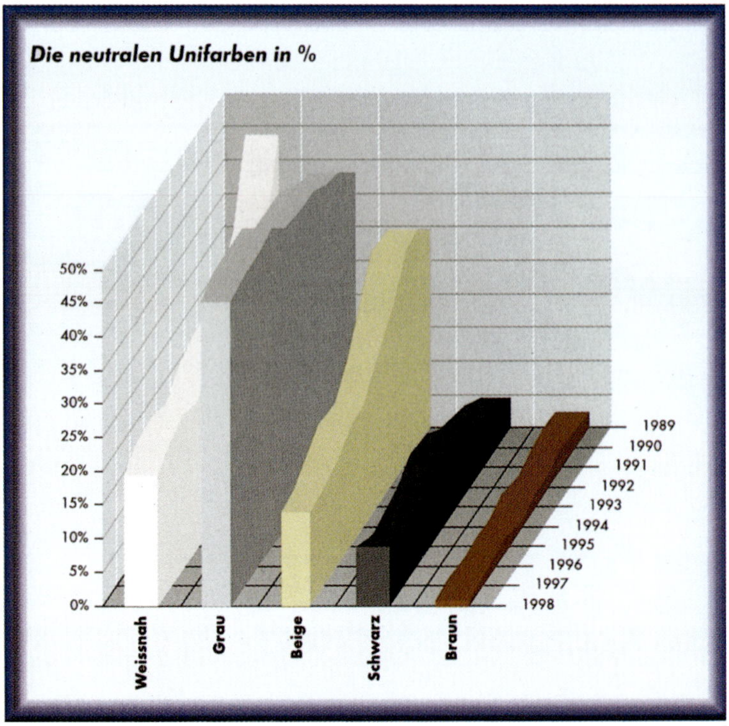

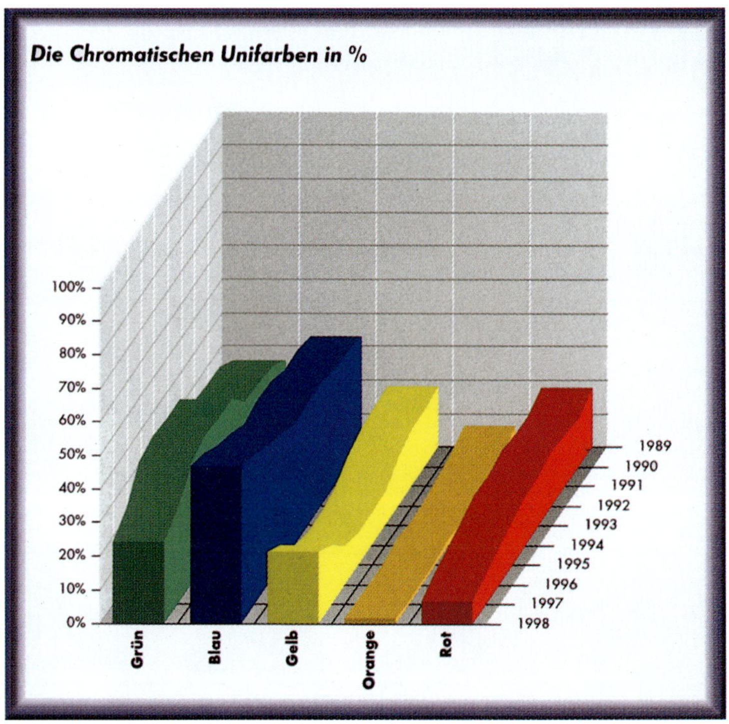

Greenwich
Capri
Natura
Classic white
Chinchilla*
Calypso
Edelweiß*
Indisch-Elfenbein
Sunset
Manhattan
Türkis-Royal
Whisper-Blau
Alba
Melba
Star-white
Mento
Ägäis
Pergamon
Whisper-Rosa
Flanell*
Aloa
Bermuda-Blau
Jasmin*
Lilac
Pearl
Key West
Bahama-Beige
Stella*
Weiß
Ebony*

HABA

A GAME OF SKILL
KA-CHING
CLACKITY·CLACKITY·PLING·PLING·VOOMF
REPLAY
BALLS TO PLAY
1 2 3 4 5
TILT

ROCK-OLA

Es gibt auch absichtlichen Kitsch!

ende Lido

Entwurf für das nebenstehende Ölbild: Anton Stankowski, Vertreter der konkreten Malerei, legt die Farben und Formen als Bildpläne bereits vor der Realisation fest. Kleinere Abweichungen sind zugelassen.

Farbenmischen macht Spaß

Für manche ist der alte Malkasten mit den Spuren des kindlichen Tuns auf der Innenseite des Deckels eine schöne Erinnerung, denn hier begann die Faszination des Farbenmischens. Es ist auch verblüffend, wie man sich mit einer Handvoll Farbnäpfchen eine große Farbenvielfalt erobern kann.

Praxis vor Theorie

Nach dem Gesetz der subtraktiven Farbenmischung von Körperfarben kann man mit den drei Primärfarben Gelb, Magenta und Cyan sowie mit Schwarz und Weiß alle übrigen Farbtöne durch anteilige Mischung erzielen. Beim Malen wird man sich jedoch nicht jedes Grün aus Cyan und Gelb selbst anmischen. Vielmehr legt man sich einen Vorrat von zehn bis zwölf Basistönen an, die man nach den eigenen Ansprüchen zusammenstellt. Der Landschaftsmaler wird eine andere Palette bevorzugen als der Konstruktivist.
In diesem Zusammenhang sind Paletten großer Meister aufschlussreich.

Rembrandts Palette umfasste Weiß, hellen und dunklen Ocker, gebrannte Siena, Umbra, Englischrot, Krapplack, Zinnober, Kobaltblau, Elfenbeinschwarz.

Für eine Basispalette gegenständlicher Malerei gilt dieser Vorschlag: Kadmiumgelb hell, Kadmiumgelb mittel, Kadmiumgelb dunkel, Kadmiumrot hell, Kadmiumrot purpur, Chromoxidgrün, Ultramarin dunkel, Preußischblau, Kobaltviolett hell, Kobaltviolett dunkel; dazu die Mischfarben Schwarz, Weiß, Siena gebrannt, Siena Natur, Umbra.
Diese Farben sind bei Ölfarben wie bei Acrylfarben weitgehend identisch, können aber bei verschiedenen Marken doch etwas unterschiedlich ausfallen.

Flieder oder Kakao?

Nicht nur die Farbpigmente bzw. Farbstoffe und die angewandte Mischtechnik entscheiden über das Farbergebnis, eine nicht zu unterschätzende Rolle spielt auch die Transparenz der Malsubstanzen. Grundsätzlich gilt: Je transparenter die Ausgangsfarben sind, desto reiner und intensiver wird die Mischfarbe. Bei den meisten Farben kann man den Grad der Transparenz durch Verdünnung mit geeigneten Mitteln steigern oder durch Beimischung von Weiß die Deckkraft erhöhen.

Zu den besonders transparenten Farben gehören die Aquarellfarben und die Druckfarben im Offset- und Tiefdruck. Am meisten deckend wirken Gouache- und Plakafarben, während bei den Öl-, Acryl- und Dispersionsfarben die Deckkraft durch Zugabe von Verdünnungen verändert werden kann.

Mischen und Malen

Ausgehend von acht bis zwölf bunten Basisfarben und weiteren Mischfarben kann man Farbmischungen auf unterschiedliche Weise erreichen.

Mischen vor dem Auftragen

In den meisten Fällen werden die Farben vor dem eigentlichen Malen bereits im Deckel des Farbenkastens, auf der Palette oder auf einer Glasplatte angemischt. Die erzielte Mischfarbe sollte man durch einen Probeauftrag kontrollieren und gegebenenfalls korrigieren, denn bei einigen Farbarten können durch den Trockenvorgang Farbverschiebungen auftreten. Dies gilt besonders für Siebdruckfarben.

Mischen übereinander

Hier werden Lasurfarben übereinander gemalt, wobei die unten liegenden Schichten trocken sein müssen. Je transparenter die Farben sind, desto intensiver werden die Ergebnisse. Das Übereinandermalen kann in mehreren Arbeitsgängen geschehen.

Mischen ineinander

Die Nass-in-Nass-Technik wird gerne beim Aquarellieren angewendet. Die einzelnen Farben fließen ineinander und ergeben dadurch die entsprechenden Mischtöne. Diesen Vorgang kann man durch Anfeuchten des Papiers unterstützen.

Paul Cézanne, Der Fischzug, 1904–06. The National Museum of Western Art, Tokyo

Lyonel Feininger, Dampfer ›Odin II‹, 1927. The Museum of Modern Art, New York

Mischungen

Wo ist die Mitte?

Werden zwei Farben in gleichen Anteilen (nach Gewicht oder nach Volumen) zusammengebracht, so entsteht eine 1:1 – Mischung, die exakt wiederholbar ist. Bei den meisten Mischungen wirken sich die beteiligten Farben unterschiedlich intensiv aus. Um eine optisch und gefühlsmäßig mittlere Mischung zu erzielen, muss man die Anteile nach eigenem Ermessen abstufen. Dabei empfiehlt es sich, stufenweise mit der helleren bzw. weniger intensiven Farbe zu beginnen und die zweite Farbe hinzuzugeben. Die jeweiligen Verhältnisse sollte man als Rezept festhalten, um sie nach Bedarf wiederholen zu können. Eine Druckfarbenfabrik hat dafür eine Kartei von über 100 000 Rezepten.

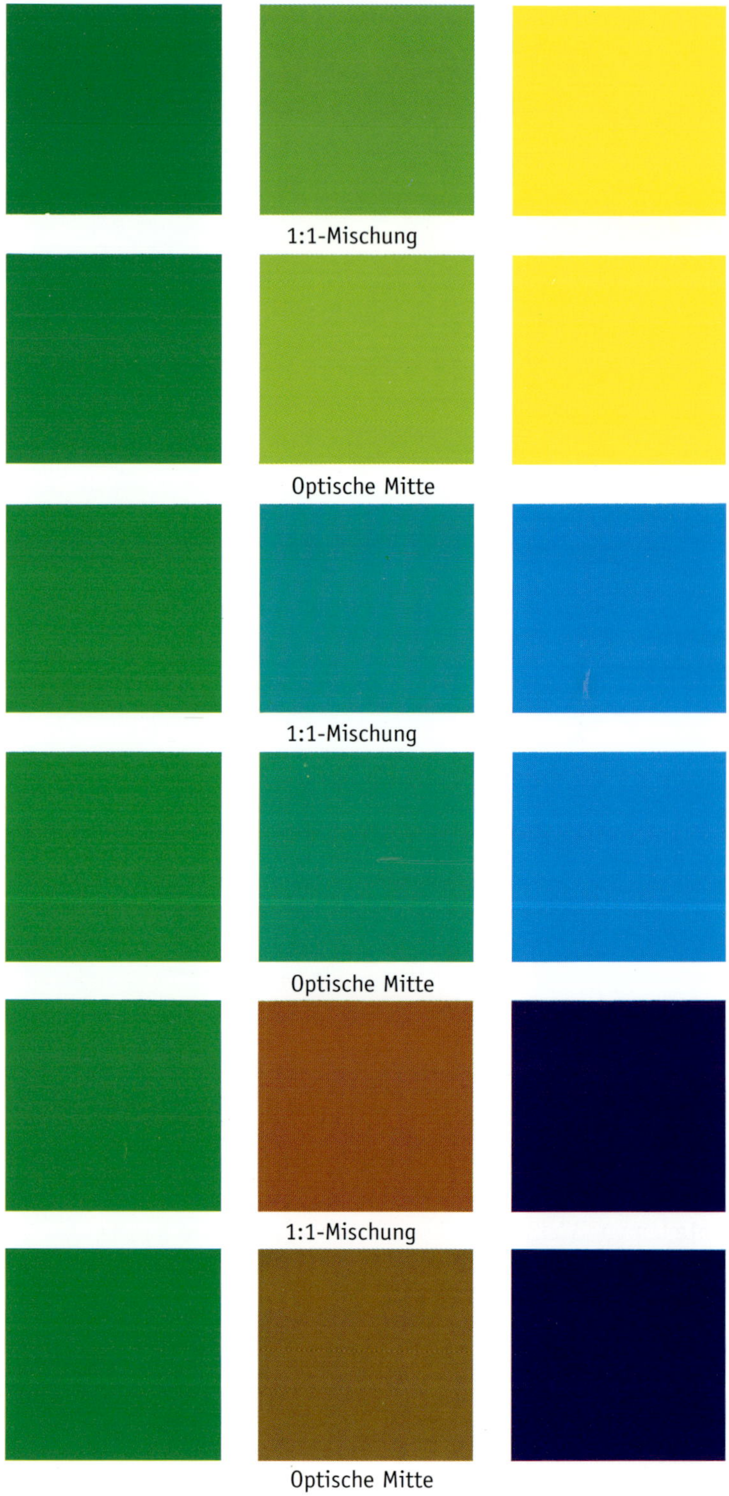

Das Repertoire für die nachfolgenden Mischreihen

Mischreihen zur Anregung

Gezeigt werden die meist angewandten Möglichkeiten des Farbenmischens am Beispiel Aquarellfarbe:

nach Weiß (Aufhellung)
nach Grau (Graumodulation mit Anteilen von Weiß und Schwarz)
nach Schwarz (Schwarztrübung)
nach der Komplementärfarbe (Bunttrübung)
nach Umbra (entsprechend nach Ocker oder nach Terra die Siena, vorwiegend für gegenständliche Malerei)
nach einer benachbarten Sekundärfarbe (Buntmischung zu intensiven Farbmischungen) vorwiegend für abstrakte Malerei.

Durch Zwischentöne bei den Ausgangsfarben kann man sich seine eigene Farbkartei anlegen.

Bei der Entscheidung, mit welchen Ausgangsfarben man zu welchen Ergebnissen kommt, kann man sich an Vorlagen wie diesen orientieren, oder man kann sich neue Nuancen durch eigenes Experimentieren erschließen.

Mischen ineinander

Mischen ineinander

Mischen ineinander

Mischen ineinander

Lasuren übereinander

Legt man mit hochtransparenten Aquarell- oder Offsetfarben zwei oder drei Schichten übereinander, so entstehen ähnliche mittlere Werte wie beim Mischen der Farben vor dem Auftrag. Dasselbe passiert, wenn man Farbfolien oder -filter übereinander legt.

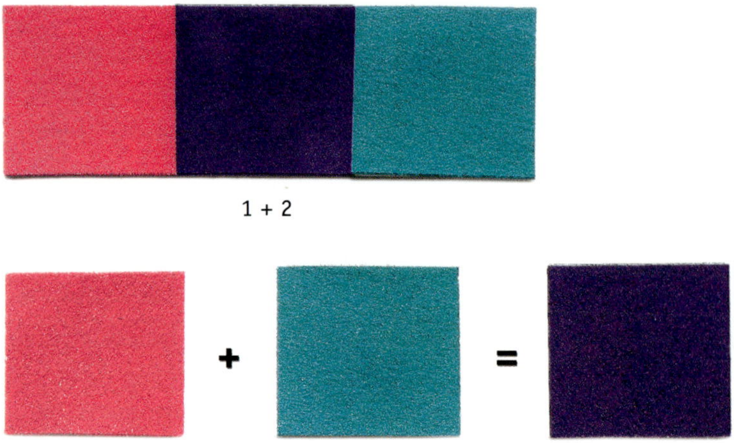

Aquarell

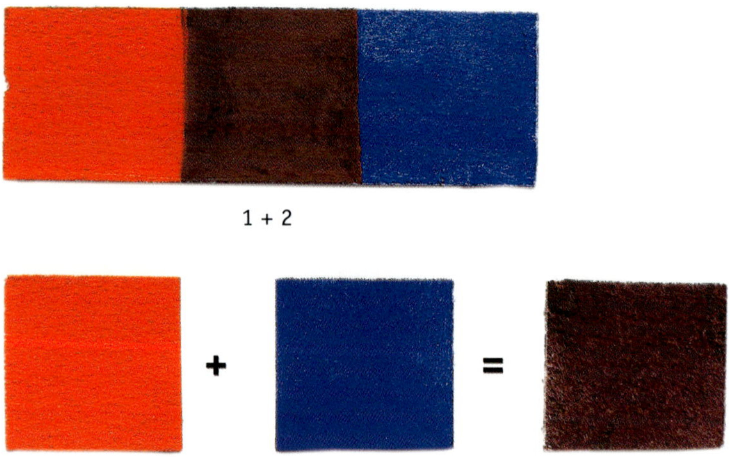

Gouache

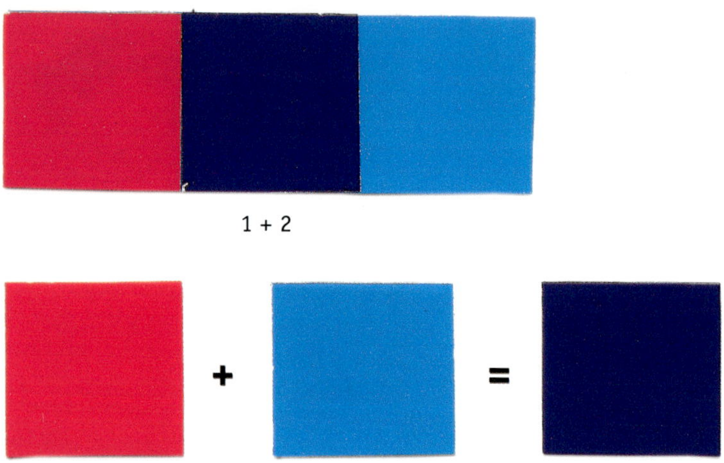

Offset

Lasierende Offsetfarben

100%

80%

60%

50%

Lasierende Offsetfarben

40%

30%

20%

10%

Die wichtigsten Malmittel und deren Verarbeitung

Die eigentlichen Farbträger sind Pigmente und Farbstoffe, die zu verschiedenartigen Farbsubstanzen verarbeitet werden können.

Pigmente: Ein Farbpigment ist ein feingemahlenes, im Anwendungsmedium unlösliches Pulver. Es wird in den meisten Fällen auf organischer Basis synthetisch hergestellt. Daneben gibt es anorganische Pigmente wie Kadmiumfarben und Kobaltfarben. Sie sind besonders charakteristisch in ihrer Einheit und Lichtechtheit. Im Braunbereich werden auch Erdfarben wie Terra di Siena und Umbra verwendet, hauptsächlich für Abtönungen. Durch Zugabe von Bindemitteln und Additiven werden die Pigmente zu Malfarben verarbeitet, die oft als Konzentrat, zum Beispiel in Aquarellnäpfchen, angeboten werden. Der eigentliche Farbton wird auch nach dem Auftragen und Trocknen nur durch die vorhandenen Pigmente bestimmt, die auch beim Nachkauf einen gleichbleibenden Farbwert garantieren.

Farbstoffe: Sie sind im Anwendungsmedium löslich und färben Flüssigkeiten vollständig ein, ohne auszuflocken. Sie kommen als Tuschen oder als Faserstifte in den Handel.

Aquarellfarben: transparente Farben auf Wasserbasis mit zarter bis intensiver Wirkung. Sie werden vielfach in trockener Form in Näpfchen zum Anlösen mit Wasser angeboten, aber auch in flüssiger Form in Fläschchen, zum Teil hochkonzentriert, aber auch als Paste in Tuben. Die Farben lassen sich nass-in-nass auftragen, wobei sie ineinander verfließen, oder man legt sie in mehreren Schichten trocken übereinander. Bei der Farbwirkung spielt auch die Papierqualität eine Rolle.

Eiweißlasurfarben: transparente flüssige Farben auf Wasserbasis. Sie sind durch den Eiweißbestandteil besonders für Fotoretuschen geeignet, da sie in die Gelatineschicht des Fotomaterials eindringen.

Ölfarben: pastose Künstlermalfarbe auf Leinölbasis. Sie kann direkt aus der Tube aufgetragen oder mit einem Malmittel verdünnt werden, wobei die deckenden Töne transparenter werden. Der Farbauftrag erfolgt mit einem Borstenpinsel, mit einem Spachtel oder mit einer Walze. Die Trocknung geschieht durch Oxidation und kann sich über einen längeren Zeitraum erstrecken. Durch Zugabe eines Trockenmittels (Sikkativ) kann die Trockenzeit verkürzt werden. Nach dem Trocknen ist der Farbauftrag wasserfest und auch für Terpentinöl und Terpentinersatz unlöslich.

Acrylfarben: werden ähnlich den Ölfarben pastos in Tuben angeboten. Da sie auf Wasserbasis aufgebaut sind, sind sie mit Wasser verdünnbar und trocknen relativ schnell. Nach dem Trocknen ist der Farbauftrag jedoch wasserfest. In der Verwendung und der Wirkung sind sie den Ölfarben gleichzusetzen, so dass viele Maler mit beiden Substanzen arbeiten.

Öl-Wasser-Farben: Durch eine neuartige Technik kann diese Ölfarbe mit Wasser anstatt mit Malmitteln verdünnt werden. Sie läßt sich mit normaler Ölfarbe oder mit Acrylfarben ohne weiteres mischen. Der Farbauftrag erhält denselben Pinselstrich wie bei traditionellen Ölfarben, aber er trocknet im Durchschnitt viermal so schnell.

Tuschen: Hierbei handelt es sich um farbige Flüssigkeiten, die nach dem Trocknen wasserfest sind. Werden Tuschen während des Malens mit Wasser gemischt, so entstehen Lavuren ähnlich einem Aquarell. Da Tuschen nach dem Trocknen wasserfest sind, werden sie auch als Zeichnung für Aquarelle eingesetzt.

Designer-Gouache: wurde früher als Temperafarbe gehandelt. Es ist eine Farbsubstanz zwischen Aquarell- und Ölfarben. In unverdünntem Zustand ist die pastose Farbe so gut wie deckend, während sie durch Wasserzugabe mehr und mehr transparent wird.

Künstler-Gouache: Im Vergleich zur Designer-Gouache ist diese Farbe durch ein sehr fein gemahlenes Pigment intensiver und ergibt eine satte, pastellartige Oberfläche.

Verdünnung = Aufhellung = Transparenz

Jede Malfarbe kann verdünnt werden; viele wären ohne Verdünnung gar nicht malfähig. Die Verdünnung bewirkt bei pastosen Farben eine Veränderung der Konsistenz, aber auch eine Aufhellung und gleichzeitig eine erhöhte Transparenz.
Deshalb sind die Begriffe Deckfähigkeit und Transparenz nur im Zusammenhang mit dem Grad der Verdünnung zu sehen (in einigen Fällen auch noch mit der Dicke des Farbauftrags). Es ist wichtig festzustellen, dass jede Malfarbe transparent gemacht werden kann. Umgekehrt bewirkt die Zugabe von Deckweiß eine erhöhte Deckkraft jeder Mal- und Druckfarbe.

Aufhellungen

Jede Mal- und Druckfarbe kann in differenzierter Weise aufgehellt werden; die unterschiedlichen Möglichkeiten der Aufhellung können kombiniert werden.

1. Aufhellung durch Verdünnung

Eine verdünnte Farbe lässt nach dem Auftragen den Untergrund durchscheinen.
Die meisten Malfarben können mit Wasser verdünnt werden (manche Fachleute empfehlen destilliertes Wasser). Malfarben auf Ölbasis werden mit jeweils dafür geeigneten Lasuren und Malmitteln, zu denen auch Terpentin gehört, verdünnt. Verdünnte Farben können mehrfach übereinander aufgetragen werden und ergeben dadurch eine Tiefenwirkung, die durch einmaligen Auftrag einer intensiven Farbe nicht erreicht werden kann.

2. Aufhellung durch geringen Farbauftrag

Beim Farbauftrag kann – besonders bei pastosen Farben – die Dicke der Farbschicht unterschiedlich gehalten werden. Bei einem dünnen Farbauftrag scheint der (weiße) Malgrund durch, und die Farbe wirkt dadurch heller.

3. Aufhellung durch Mischen mit Weiß

Pastose Farben können mit weißer Malfarbe gemischt und dadurch aufgehellt werden. Lasurweiß erhöht die Transparenz, Deckweiß die Helligkeit und Deckfähigkeit.

Vielfalt eines Farbsortimentes

Druckfarben

Farben direkt für den Druck

Tonflächen im Druck: Für den Grafik-Designer gibt es Entwurfsmaterialien, die ihm die Farbentscheidung erleichtern, den Entwurfsvorgang rationalisieren und die Präsentation beim Auftraggeber in Druckqualität ermöglichen.

HKS, Pantone, NCS

Das HKS-System hat den Vorteil, dass die 85 Farbtöne sowohl in Entwurfsbögen als auch in Druckfarben derselben Kennziffer zur Verfügung stehen.
Das international am weitesten verbreitete Pantone-System ist nicht identisch mit Druckfarben. Es zeigt jeden Farbton mit je drei Abstufungen nach Weiß und nach Schwarz. Mit dem NCS-System lassen sich vor allem Lackfarben präzise definieren. Allen Systemen gemeinsam ist die Erweiterung der Entwurfshilfen mit farbtongleichen Folien, Gouachefarben, Entwurfsstiften und Color Dyes. Dazu gibt es Umrechnungstabellen für den Skalendruck und für Bildschirmfarben.

Sonderfarben

Im Sinne des Corporate Design ist es wichtig, einen ausgewählten Farbton, zum Beispiel für Packungen, identisch durchzusetzen. Dafür werden Mischrezepte festgehalten. Geringe Abweichungen können durch verschiedene Techniken auftreten, werden jedoch toleriert.

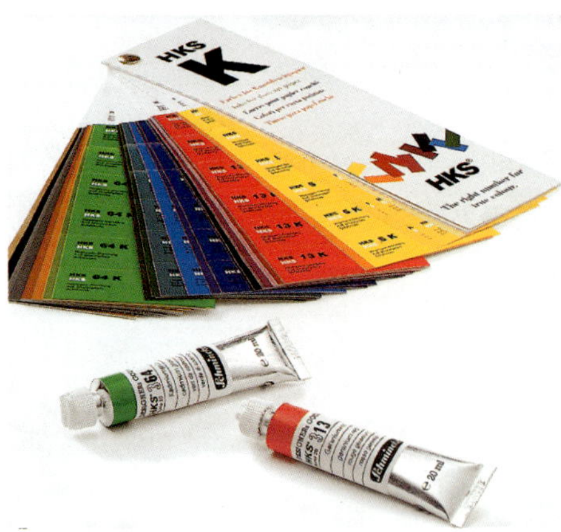

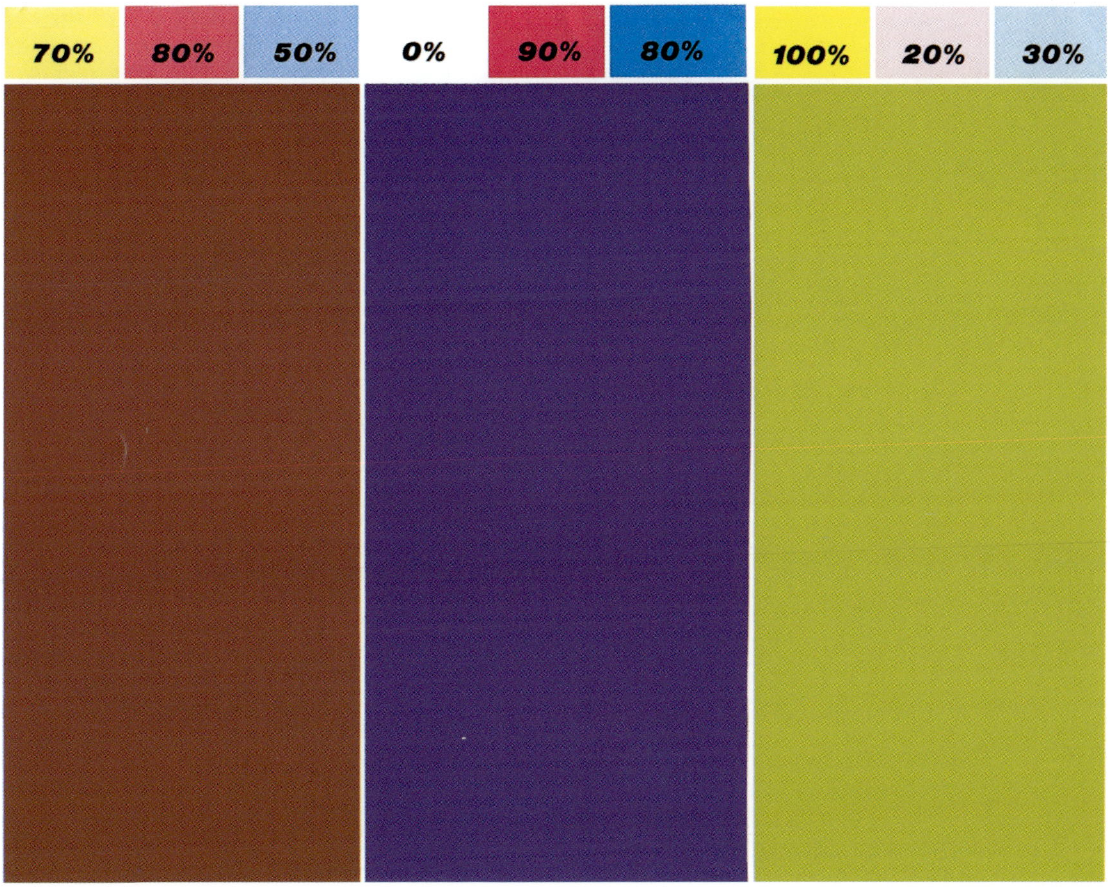
70%
80%
50%
0%
90%
80%
100%
20%
30%

Zwei Farben mit interessanten Zwischentönen

Jede Zeile zeigt den Übereinanderdruck zweier Farbwerte.

Farbtechnologien

Heute liefern alle Medien farbige Bilder. Illustrierte und Kataloge, Urlaubsfotos und Kopien und vor allem die Fernsehbilder sind ganz selbstverständlich bunt. Dazu werden die grundsätzlichen Farbengesetze technisch angewandt:

1. Bei der additiven Farbmischung der Lichtfarben werden alle Farben aus den Primärfarben Rot, Grün und Blau (RGB) zusammengesetzt.

2. Bei der subtraktiven Farbmischung der Körperfarben werden sämtliche Farbtöne durch die Mischung der drei Primärfarben Cyan, Magenta und Gelb (CMY) erreicht.

Bei vielen Techniken werden zusätzlich optische Mischungen ganz gezielt eingesetzt.

Vierfarben-Offsetdruck in zehnfacher Vergrößerung

Fernsehbild in ca. zehnfacher Vergrößerung

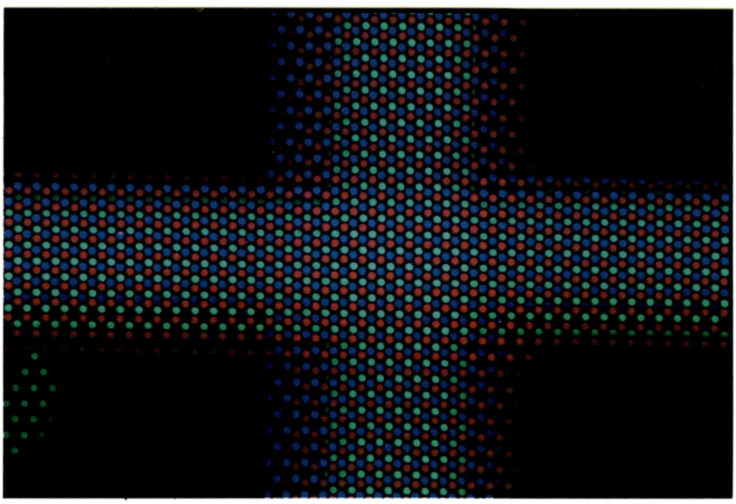

Bilder aus farbigen Punkten

Beim Vierfarbendruck (nach Euroskala) mischen sich sehr kleine Rasterpunkte in den Skalenfarben Cyan, Magenta und Gelb durch unterschiedliche Größe im Auge zu allen möglichen Farben. Überlagern sich die Punkte, so entstehen durch die sehr transparenten Farbflächen Sekundärfarben. Für Aufhellungen wirkt das freigebliebene Papierweiß mit. In den meisten Fällen wird noch Schwarz, das für die Schrift ohnehin mitläuft, zur Verstärkung der Konturen und der Tiefe eingesetzt.
Für Bildreproduktionen hat sich der Offsetdruck am besten bewährt, wobei der wasserlose Offsetdruck an Bedeutung gewonnen hat. Für Großauflagen von Illustrierten und Versandhauskatalogen ist der Tiefdruck, bei dem transparente Farbschichten unterschiedlicher Dicke übereinandergedruckt werden und dadurch unterschiedliche Mischungen entstehen, am günstigsten. Für Packungen wird vielfach der Flexodruck eingesetzt. Als vierte Methode hat sich der Siebdruck vor allem durch den variablen Einsatz bei verschiedensten Materialien und durch seine Farbkraft bewährt.

Der sichtbare Unterschied – vierfarbig

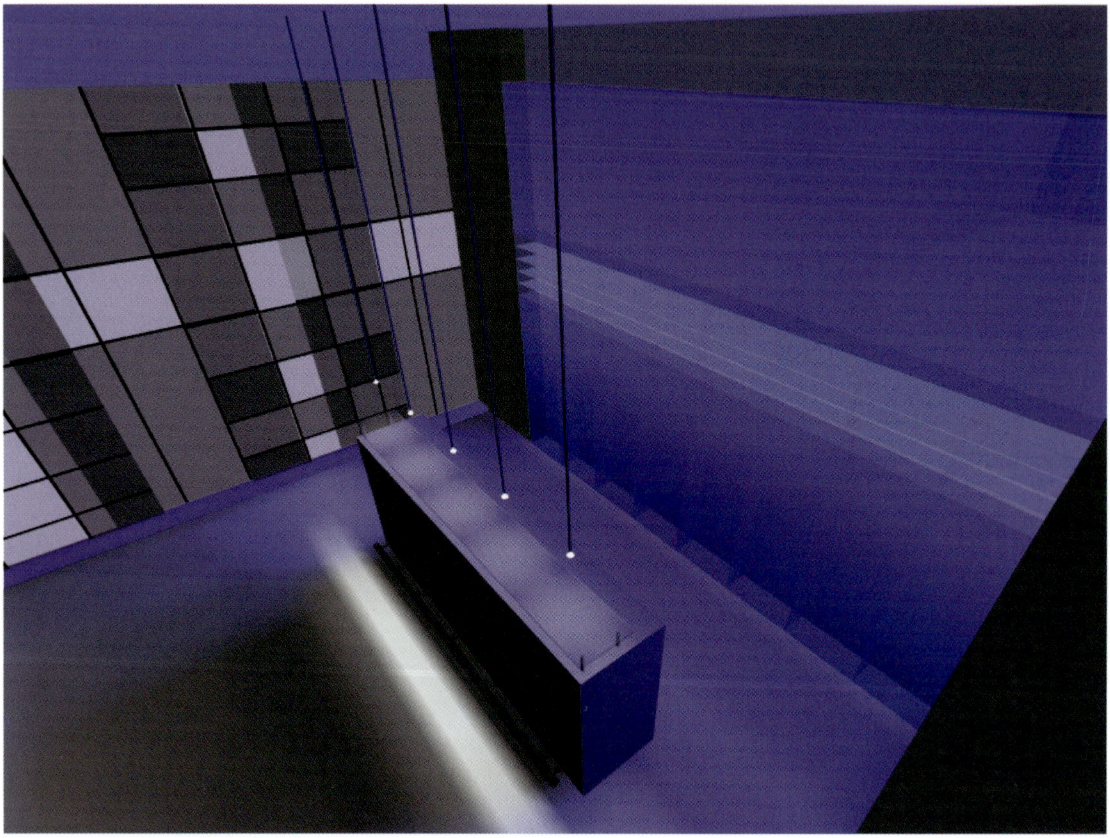

Visualisierung von Daten: Licht- und Schattenverhältnisse in einem geplanten Raum

Nach den anfänglichen Bemühungen, mit computergenerierten Bildern Fotografien zu imitieren, werden durch die Visualisierung wissenschaftlicher und technischer Daten neue Seherlebnisse erschlossen. Zahlen werden zu Bildern und machen Unsichtbares sichtbar. Sie können gleichzeitig einen hohen ästhetischen Reiz ausüben.

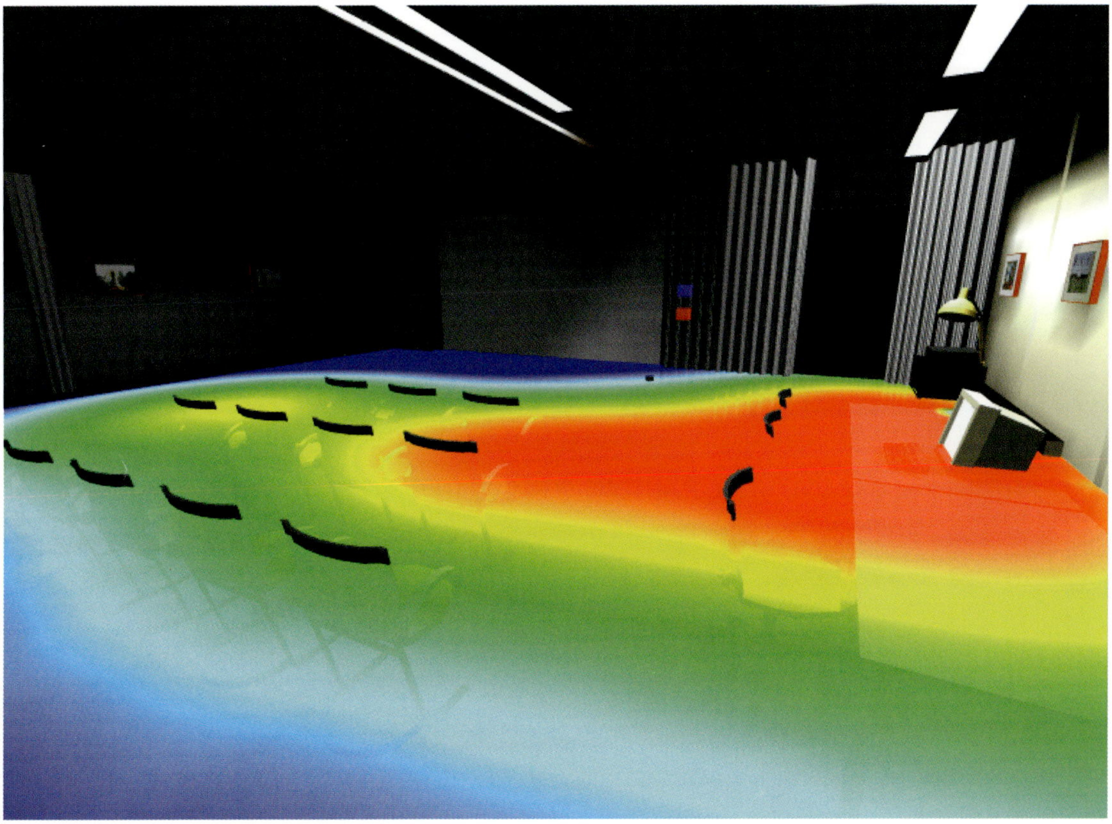

Visualisierung von Daten: Temperaturzonen in einem geplanten Raum

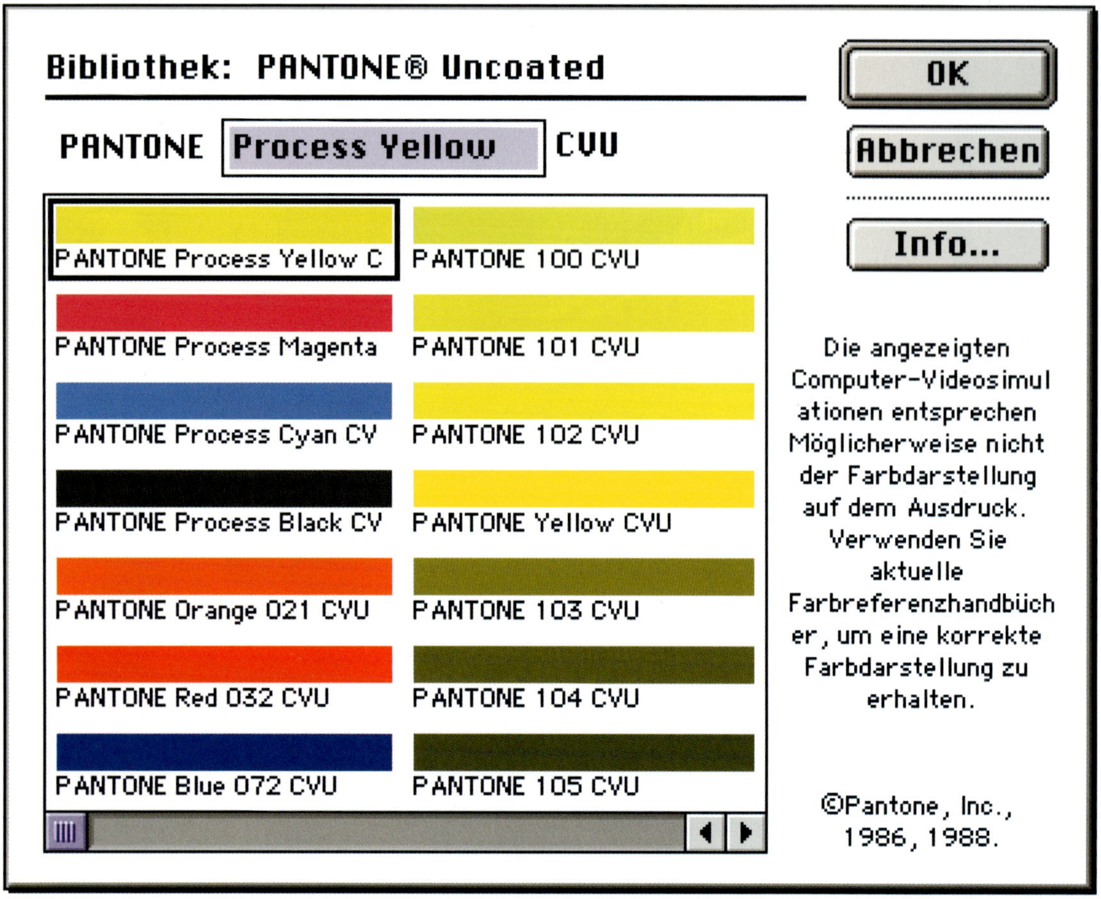
Bibliothek: PANTONE® Uncoated
PANTONE
Process Yellow
CVU
OK
Abbrechen
Info...
PANTONE Process Yellow C
PANTONE 100 CVU
PANTONE Process Magenta
PANTONE 101 CVU
PANTONE Process Cyan CV
PANTONE 102 CVU
PANTONE Process Black CV
PANTONE Yellow CVU
PANTONE Orange 021 CVU
PANTONE 103 CVU
PANTONE Red 032 CVU
PANTONE 104 CVU
PANTONE Blue 072 CVU
PANTONE 105 CVU
Die angezeigten Computer-Videosimulationen entsprechen Möglicherweise nicht der Farbdarstellung auf dem Ausdruck. Verwenden Sie aktuelle Farbreferenzhandbücher, um eine korrekte Farbdarstellung zu erhalten.
©Pantone, Inc., 1986, 1988.

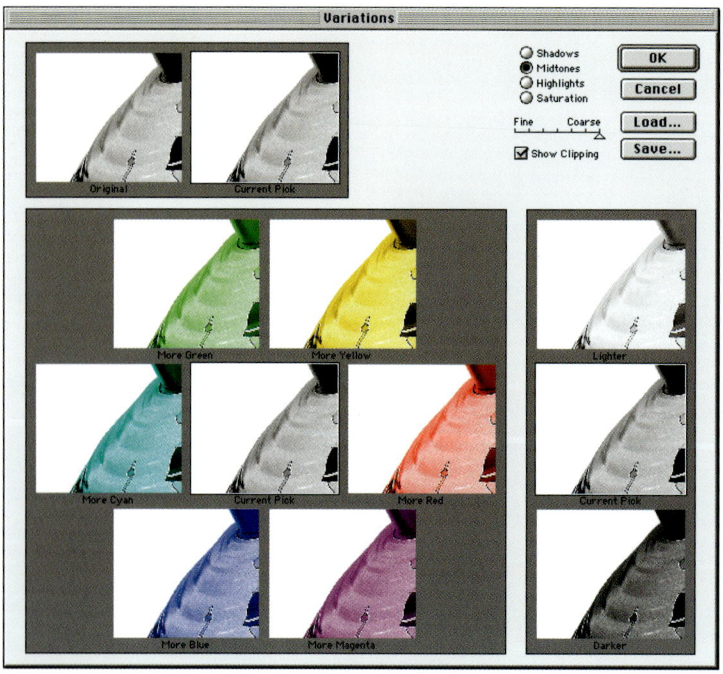
Variations
Shadows
Midtones
Highlights
Saturation
Fine
Coarse
Show Clipping
OK
Cancel
Load...
Save...
Original
Current Pick
More Green
More Yellow
Lighter
More Cyan
Current Pick
More Red
Current Pick
More Blue
More Magenta
Darker

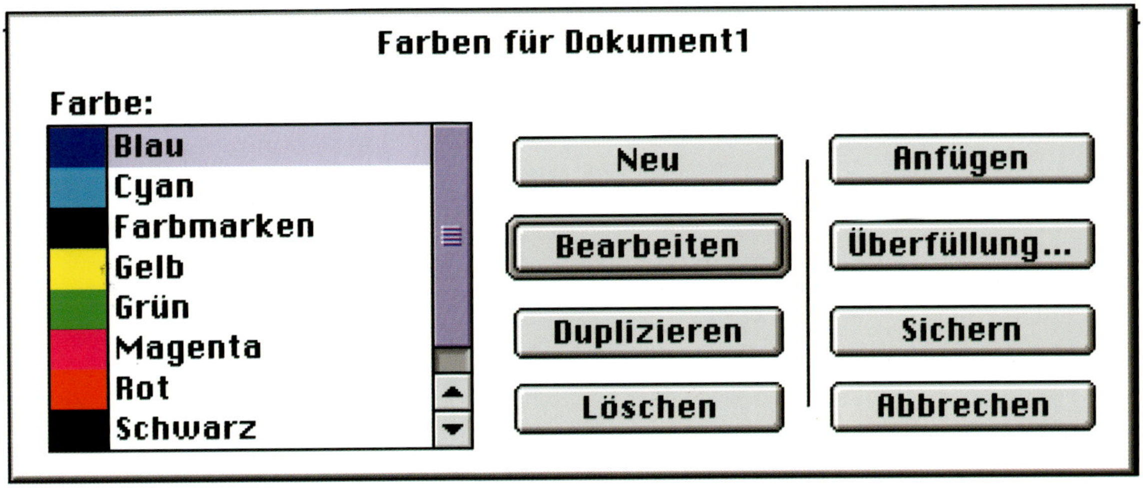

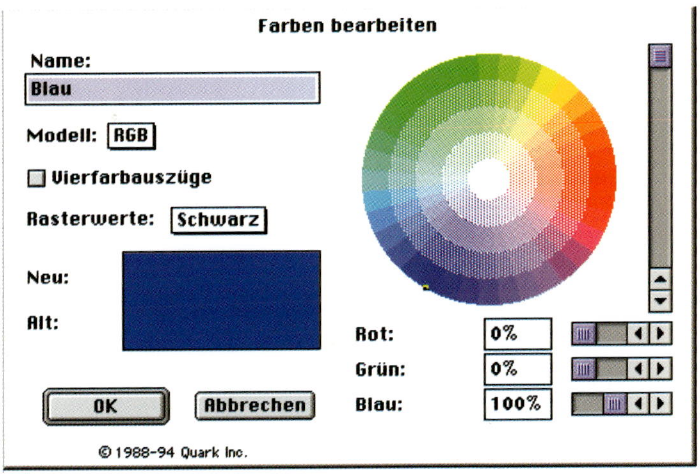

Farben nach Menü

Alle Farben können auch ohne Vorlage direkt am Monitor aufgebaut werden. Dazu gibt es die Angaben für die jeweiligen Prozentwerte von RGB. Die so gewonnenen Farben können beliebig verändert werden. Dies bringt einen großen Zeitgewinn gegenüber Entwurfsmethoden mit Farbpapier oder Malfarben, so dass das CAD (Computer Aided Design) zur selbstverständlichen Entwurfsmethode gehört und je nach Erfahrung und Experimentierfreude vielfältige Einsatzmöglichkeiten eröffnet. Die sofortige Überprüfung eines Entwurfs am Bildschirm erleichtert die Farbentscheidungen. Ideen und Geschmack müssen jedoch weiterhin vom Designer erbracht werden.

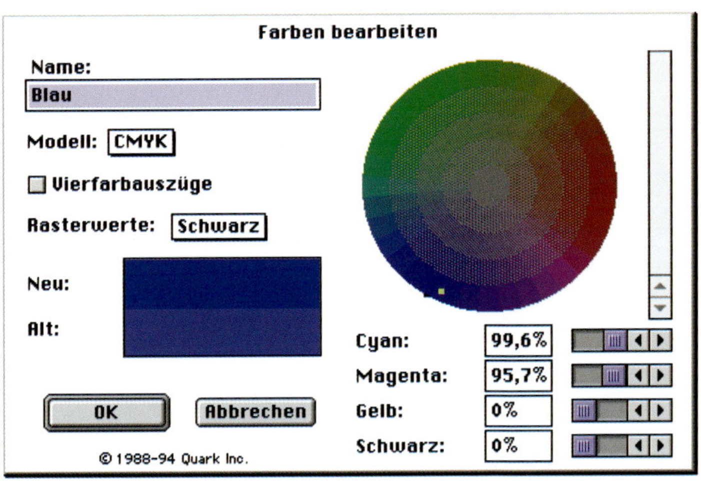

Kunst aus der Maschine?

Der Designer und Künstler Hans Geipel, von dem diese Beispiele für Computergrafik stammen, schreibt dazu:

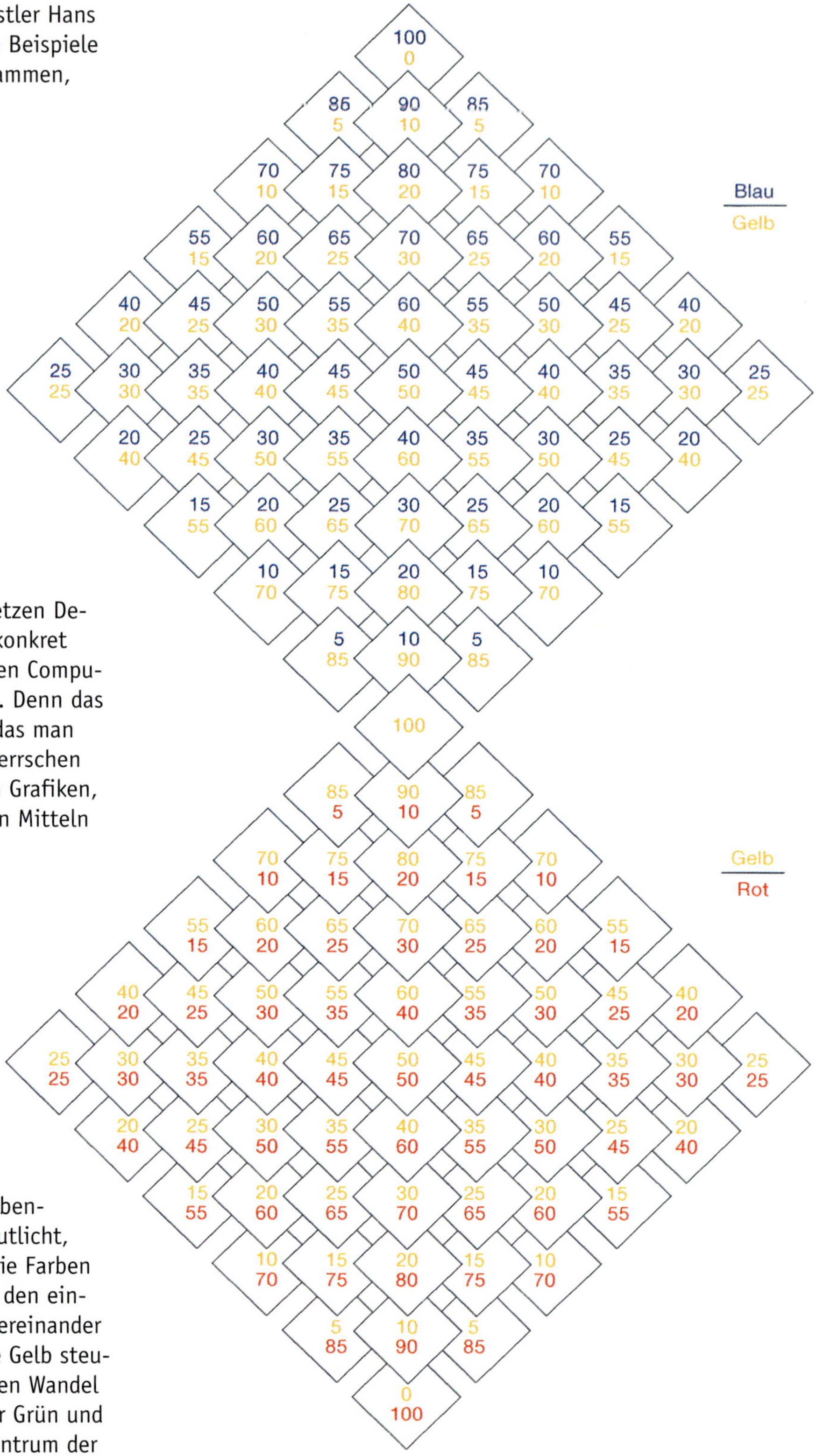

»Selbstverständlich setzen Designer und vor allem konkret arbeitende Künstler den Computer als ›Werkzeug‹ ein. Denn das ist er, ein Werkzeug, das man möglichst virtuos beherrschen muss. Dann entstehen Grafiken, die mit herkömmlichen Mitteln nicht machbar sind.«

Die Partitur für die nebenstehende Grafik verdeutlicht, mit wie viel Prozent die Farben Blau, Gelb und Rot in den einzelnen Farbfeldern übereinander liegen. Das unterlegte Gelb steuert den kontinuierlichen Wandel von Blau und Rot über Grün und Orange zum gelben Zentrum der überlappenden Quadrate.

Originalfoto

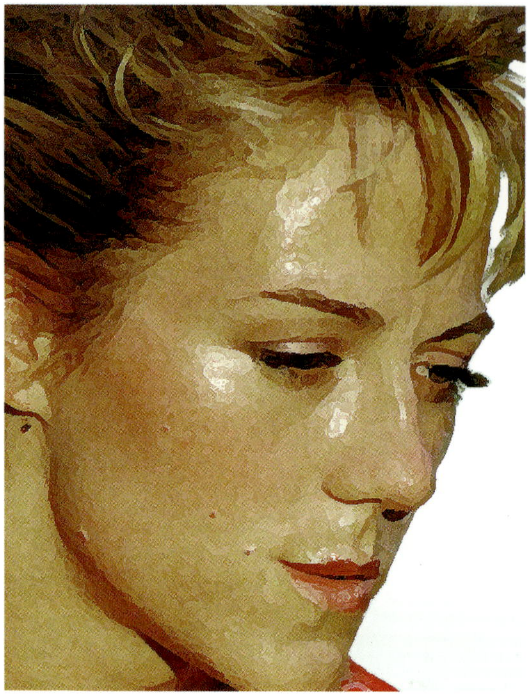

Grafische Umsetzung Aquarelltechnik

Grafische Umsetzung Buntstiftzeichnung

Grafische Umsetzung Schnellschraffur (Marker)

Originalfoto

Motiv freigestellt, Elemente im Hintergrund und Vordergrund eingefügt

Motiv freigestellt, Hintergrund ausgetauscht und Motiv an die neuen Lichtverhältnisse im Hintergrund angepasst

Motiv freigestellt, Farbverlauf im Hintergrund, Bildteile maskiert und umgefärbt

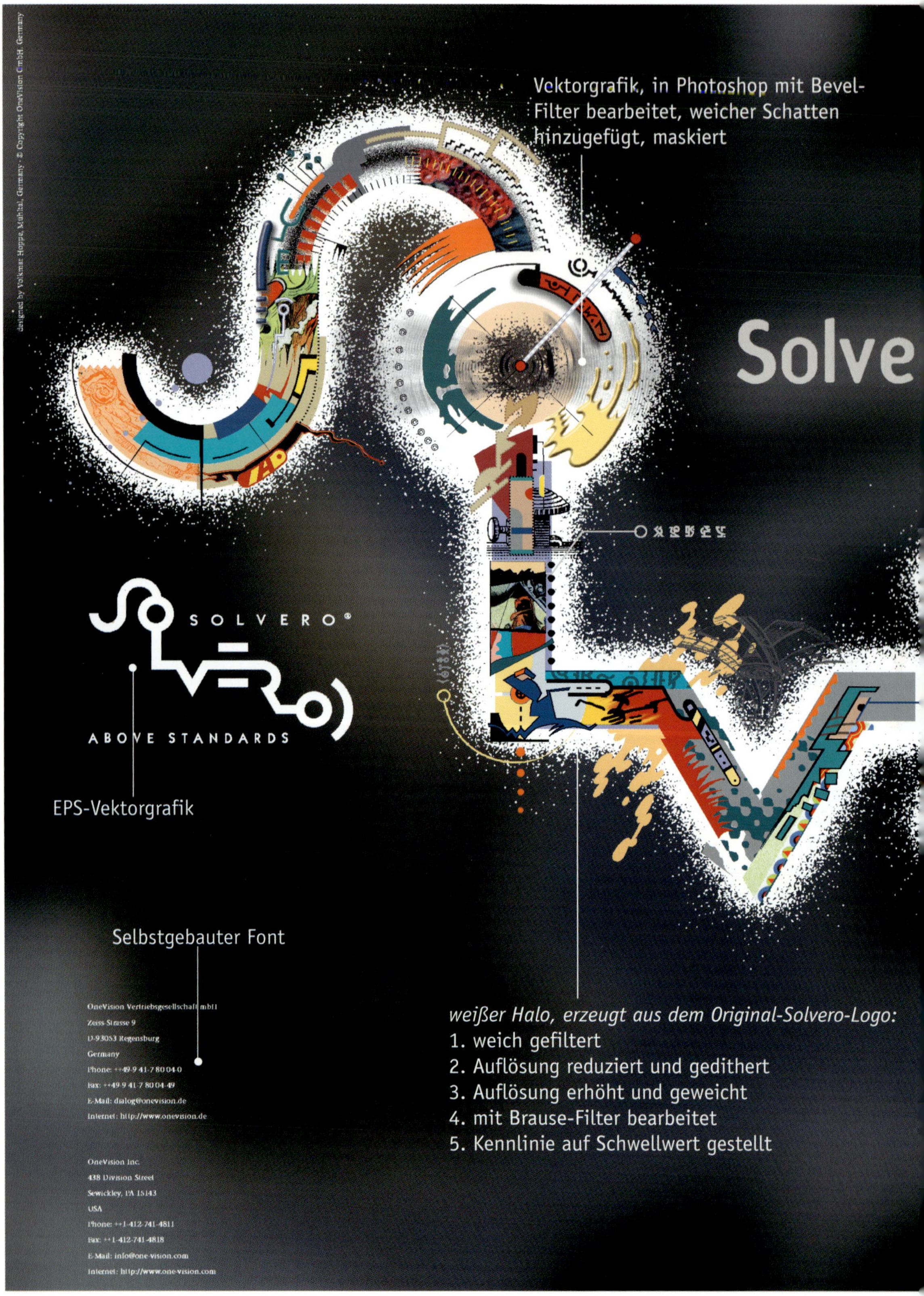
designed by Volkmar Hoppe, Muhltal, Germany · © Copyright OneVision GmbH, Germany
Vektorgrafik, in Photoshop mit Bevel-Filter bearbeitet, weicher Schatten hinzugefügt, maskiert
Solve
SOLVERO®
ABOVE STANDARDS
EPS-Vektorgrafik
Selbstgebauter Font
OneVision Vertriebsgesellschaft mbH
Zeiss-Strasse 9
D-93053 Regensburg
Germany
Phone: ++49-9 41-7 80 04-0
Fax: ++49-9 41-7 80 04-49
E-Mail: dialog@onevision.de
Internet: http://www.onevision.de
OneVision Inc.
438 Division Street
Sewickley, PA 15143
USA
Phone: ++1-412-741-4811
Fax: ++1-412-741-4818
E-Mail: info@one-vision.com
Internet: http://www.one-vision.com
weißer Halo, erzeugt aus dem Original-Solvero-Logo:
1. weich gefiltert
2. Auflösung reduziert und gedithert
3. Auflösung erhöht und geweicht
4. mit Brause-Filter bearbeitet
5. Kennlinie auf Schwellwert gestellt

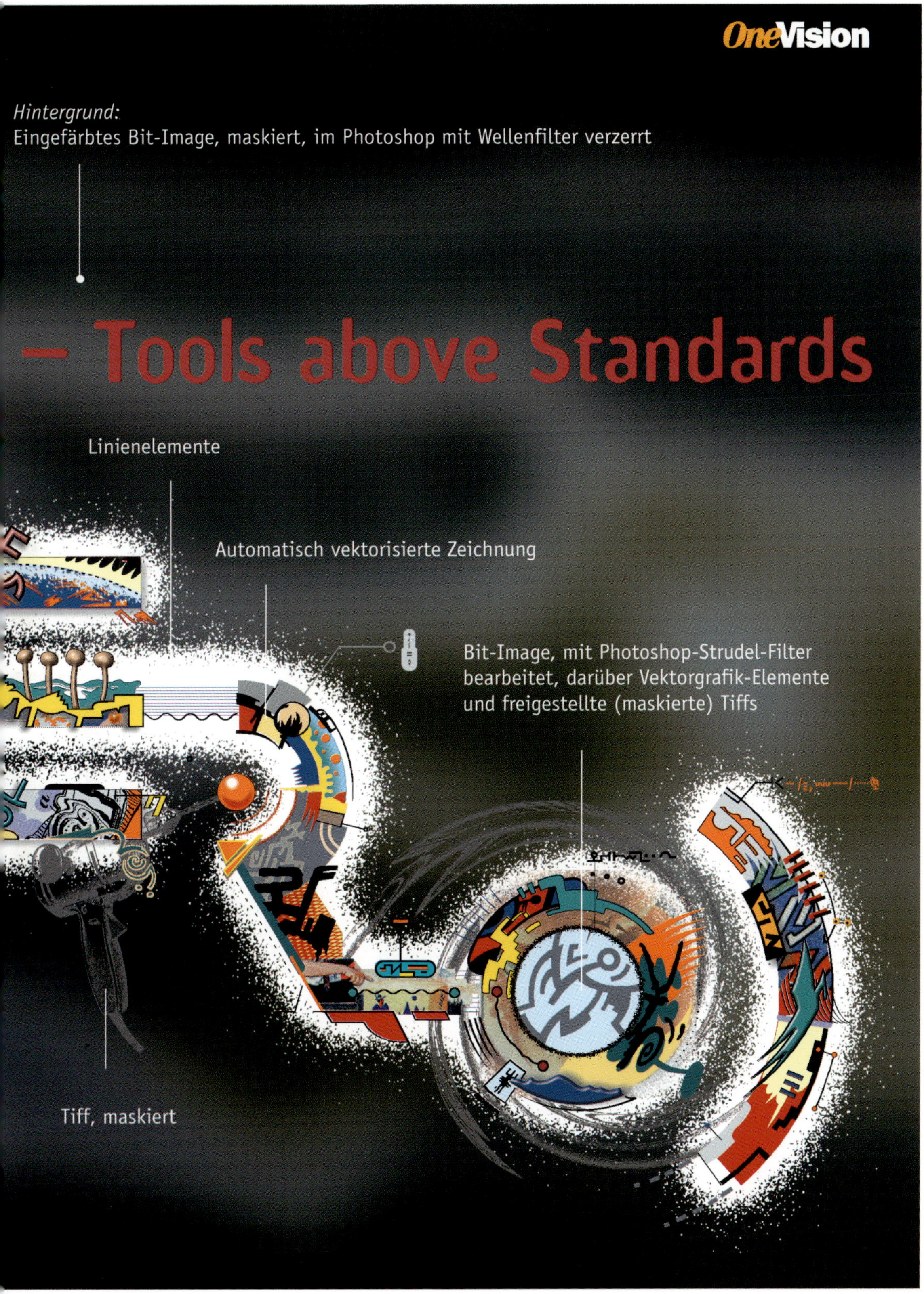
OneVision
Hintergrund:
Eingefärbtes Bit-Image, maskiert, im Photoshop mit Wellenfilter verzerrt
– Tools above Standards
Linienelemente
Automatisch vektorisierte Zeichnung
Bit-Image, mit Photoshop-Strudel-Filter bearbeitet, darüber Vektorgrafik-Elemente und freigestellte (maskierte) Tiffs
Tiff, maskiert

Zwei mal drei Grundfarben aus Licht- und Körperfarben

Vom Bildschirm aufs Papier

Der Bildaufbau am Monitor ist in den meisten Fällen die Vorstufe für ein Druckbild auf Papier. Hierbei müssen die zwei grundsätzlich konträren Mischgesetze der Lichtfarben des Bildschirms und der Körperfarben beim Druck in Übereinstimmung gebracht werden.

Nur bedingt kompatibel

Die Farben des Bildschirms haben zunächst den Vorteil der großen Leuchtkraft und Intensität. Es ist, wie wenn man eine Diaprojektion mit einem Papierfoto vergleicht. Andererseits hat der Bildschirm gerade durch seine starke Strahlung Schwierigkeiten bei der Wiedergabe zarter Farbtöne wie zum Beispiel bei Hautfarben.

Farbdaten helfen

Bei beiden Systemen lassen sich die Farben als Daten definieren. Damit ist die Möglichkeit der Umrechnung und Umsetzung gegeben. Das gilt vor allem für die Bestimmung der Daten des Skalendrucks, wobei ein digitaler Farbwerteatlas zugezogen werden kann. Eine direktere Datenerfassung erfolgt am Computer durch Eingabe von Druckfarbendaten, die als Bildschirmfarben sichtbar werden. Dies ist auch für andere Systeme wie RAL und Pantone direkt möglich.

Die Proofs für Druck, Bildschirmaufbau und Fotoabzug führen zu denselben Farben

Euroskala-Kontrollstreifen

7-Farbendruck-Kontrollstreifen

Ausschnitt aus Fernseh-Testbild

Diapositiv-Kontrollstreifen

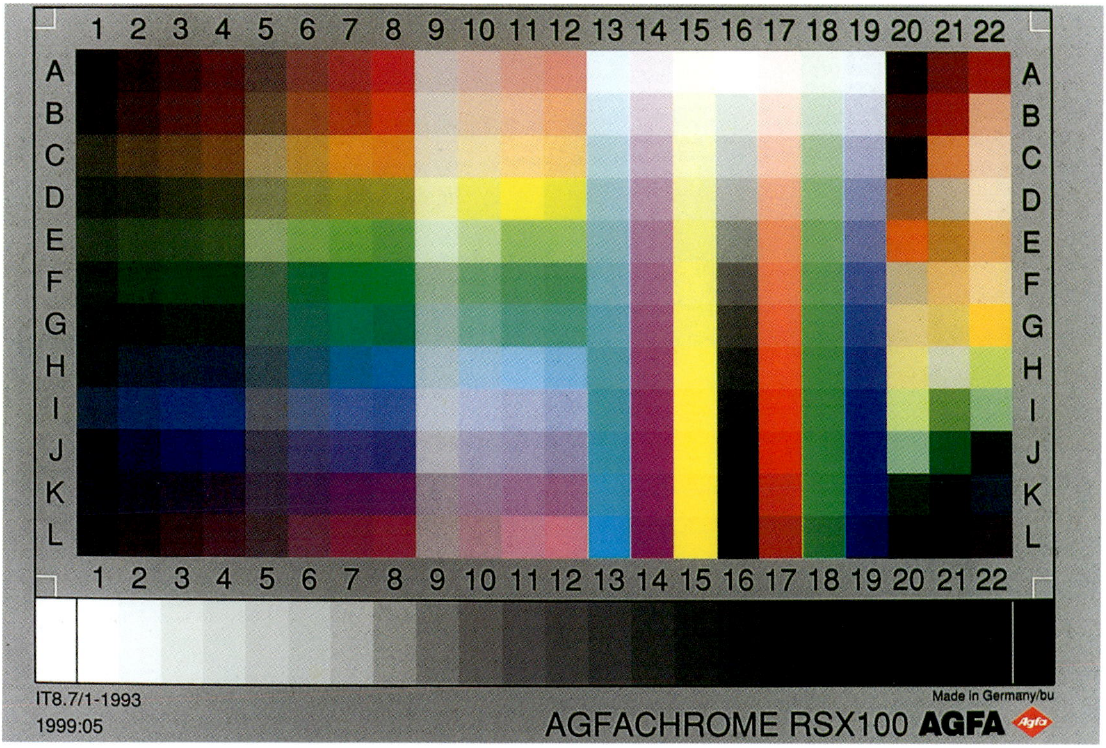

IFRA-Testbild für Farbtontreue und -intensität

Farbqualität auch beim Zeitungsdruck

In zunehmendem Maße sind Farbbilder heute bei Tageszeitungen sowohl im redaktionellen Teil wie auch bei Anzeigen zu finden. Sie stellen eine große Herausforderung dar, bedingt durch das spezielle Zeitungspapier und die hohe Druckgeschwindigkeit. Farbverfälschungen wirken sich sehr störend aus. Deshalb rufen die Serviceorganisationen für Zeitungs- und Medientechnologie (IFRA) mit Sitz in Darmstadt und der Nordamerikanische Zeitungsverband (NAA) in Vienna, USA, weltweit zu einem Wettbewerb auf. Anhand der Testbilder, die als Diapositiv für alle Teilnehmer in gleicher Weise zur Verfügung stehen, werden die Druckergebnisse geprüft. Bei gleichmäßig guter Farbwiedergabe erhält der Hersteller ein entsprechendes Zertifikat des Color Quality Club.

Das Testbild

Nach einem Farbdiapositiv wird das Testbild gedruckt und sowohl farbmetrisch als auch densitometrisch vermessen. Dabei werden die Werte des Farbumfangs, der Wiedergabegenauigkeit, der Graubalance und die Tonwertwiedergabe geprüft. Gleichzeitig mit dem Testbild wird eine Fotografie nach einem Farbpapierbild gedruckt.

Stufenweise vollzogener Aufbau des Vierfarbendrucks

Teststreifen für den Skalendruck. Die unterschiedlichen Helligkeiten entstehen durch Variation der Punktgröße

Vierfarbendruck mit Euroskala, zehnfache Vergrößerung

Farben – digital

Es ist abzusehen, dass in der Endphase der technischen Entwicklung alle Daten digital erfasst werden: Null oder Eins. Bei der Bildproduktion erfolgt die Datenerfassung und -weitergabe in mehreren, jeweils digitalen Stufen.

In jeder Phase, besonders zwischen Scanner, EBV (Elektronische Bildverarbeitung) und Monitor, können Korrekturen oder umfangreiche Veränderungen vorgenommen werden. Am Endprodukt ist die Veränderung nicht mehr zu erkennen.

Die am Computer erfassten Daten können auf unterschiedliche Weise ausgegeben werden. Einen direkten Weg bietet die elektronische Weitergabe durch E-Mail und Web. In vielen Fällen möchte man jedoch einen sichtbaren Beleg in die Hand bekommen. Dafür gibt es verschiedene Techniken wie die Fotografie vom Bildschirm, den Laserdruck oder den thermostatischen Druck.

Datentransfer:

E-Fotografie
|
Scanner
|
EBV
|
Monitor
|
Farbseparation
|
Datenmail

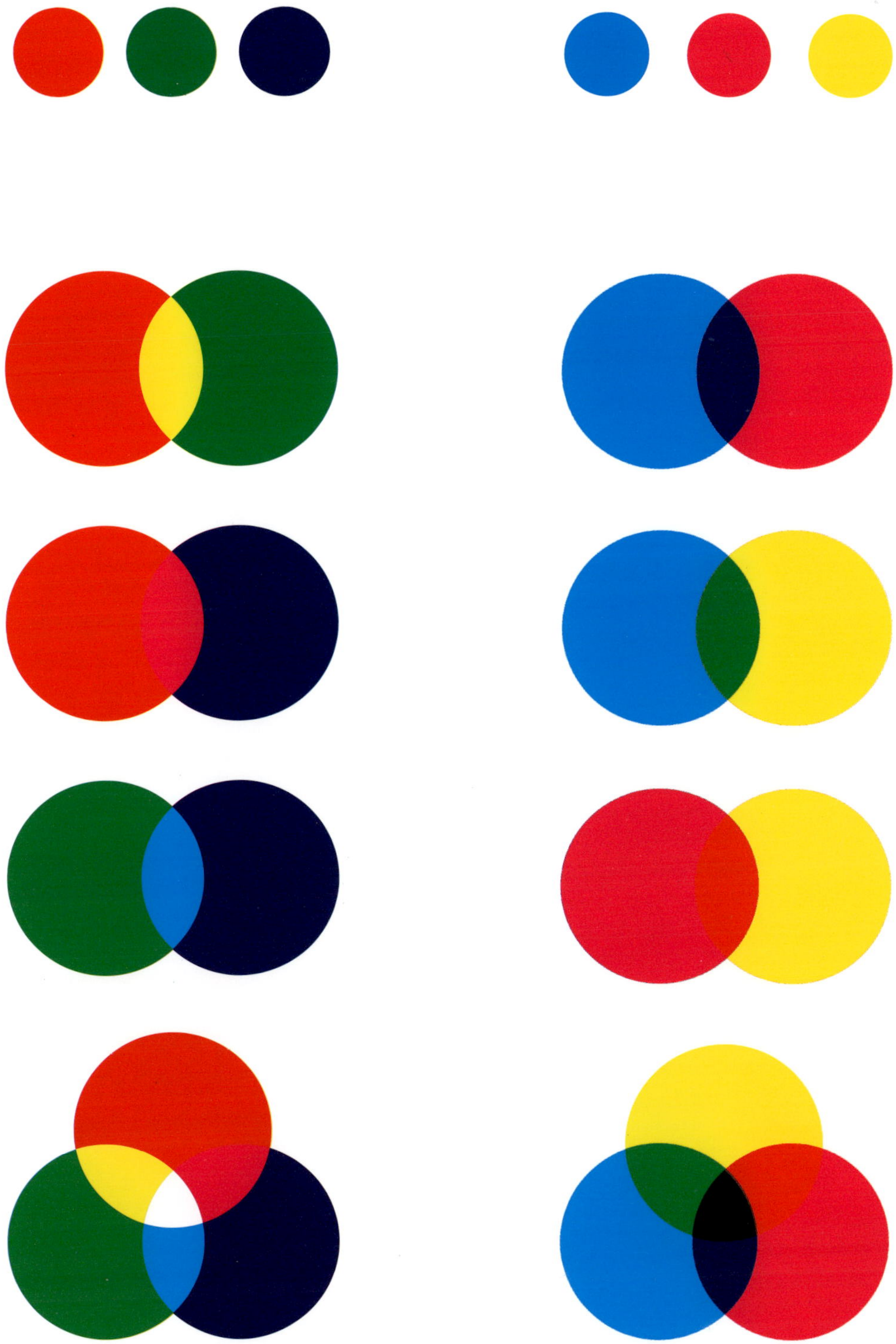

Transparenz bei Entwurf...

Aquarell

Foliengrafik

Siebdruck

Übereinanderdruck von Sonderfarben / Offsetdruck

Druckverfahren

Drei Druckverfahren haben den lange Zeit dominierenden Buchdruck abgelöst: der Offsetdruck, der Tiefdruck und der Flexodruck.

13farbige Chromo-Lithographie, 1892

Offsetdruck

Hierbei handelt es sich um ein Flachdruckverfahren, bei dem die farbtragenden Bildteile auf eine Zinkplatte kopiert werden. Diese oft sehr kleinen Teile sind wasserabstoßend und zugleich farbtragend. Beim Druckvorgang werden die meist zylindrisch aufgespannten Platten mit einem Feuchtwerk benetzt, wobei die späteren farbtragenden fetthaltigen Teile frei bleiben. Nach dem Einfärben dieser Teile wird das Druckbild zuerst auf einen Gummituchzylinder und von dort auf das Papier weitergegeben.
Im Offsetdruck können sowohl große gleichmäßige Flächen als auch feinste Details und Farbübergänge erreicht werden.

Wasserloser Offsetdruck

Durch einen chemischen Prozess ist es möglich geworden, die Teile, die keine Farbe annehmen sollen, entsprechend farbabstoßend zu machen. Dadurch entfällt die Zwischenphase der Zylinderbefeuchtung. Ob dieses Verfahren den herkömmlichen Offsetdruck ablösen wird, lässt sich noch nicht abschätzen.
Der Offsetdruck ist das vielseitigste Druckverfahren und wird für Tageszeitungen, Kunstkalender, Prospekte und alle kleineren Aufträge eingesetzt.

Vom Vierfarben- zum Vielfarbendruck

Eine bedeutende Erweiterung des Farbumfangs wurde durch den Einsatz von mehr als den vier Farben der Euroskala möglich. Dazu wurden Rotationsmaschinen mit acht, zehn oder zwölf Farbwerken entwickelt. Die große Farbbrillanz und die ungewohnte Farbtreue lohnen für viele Aufträge den Mehraufwand. So wurde ein Autoprospekt zur Darstellung der Lackfarben in zwei mal zwölf = 24 Farben mit einem überzeugenden Ergebnis gedruckt.

Lithographie

Sie ist der Vorläufer des Offsetdrucks. Wie der Name sagt, werden hierzu Steinplatten anstatt Zinkplatten verwendet. Bei der künstlerischen Lithographie wird die Zeichnung für jede Farbe separat auf den Stein aufgetragen, und das seitenverkehrt. Als wasserabstoßende Substanzen kann man fetthaltige Kreiden oder fetthaltige Farben direkt auftragen. Ein Meister dieser Technik war Toulouse-Lautrec, der mit dieser Methode seine Plakate selbst anfertigte.

Tiefdruck

Neben dem Offsetdruck hat der Tiefdruck bei großen und größten Auflagen eine sichere Auftragslage. Der Bilderdruck erfolgt durch unterschiedliche Vertiefungen im Druckzylinder, die mit flüssiger Farbe gefüllt werden. Die Zylinderoberfläche wird durch eine Rakel von der unnötigen Farbe befreit. Mit hoher Geschwindigkeit erfolgt dann die Übertragung der Farbe aus den Vertiefungen an das Papier.

Kupferstich und Radierung

Die Nutzung dieser Tiefdruckverfahren mit Handpressen reicht bis in die Renaissancezeit zurück. Dabei werden Vertiefungen in Metallplatten eingearbeitet, die dann die Farbe übernehmen und weitergeben. Durch feine Schraffuren können Zwischentöne erreicht werden. Dadurch wurde der Holzschnitt des Mittelalters überholt. Rembrandt und Dürer sind nicht zuletzt durch ihre Radierungen bekannt geworden.

Flexodruck

Bei diesem Hochdruckverfahren besteht die Druckform aus elastischem Material. Die erhabenen Teile übernehmen – wie beim Buchdruck – die Druckfarbe und geben sie an den Bedruckstoff weiter. Durch die elastischen Zylinder können Metall- und Kunststofffolien ohne weiteres bedruckt werden, so dass für diese Drucktechnik vor allem Verpackungen in Frage kommen.

Siebdruck

Auch der Siebdruck entwickelte sich zunächst als ein handwerkliches Verfahren. Als ›Sieb‹ dient eine Kunststoffgaze, die an den nichtdruckenden Stellen abgedichtet wird. Dies kann von Hand oder auf fotografischem Weg erfolgen. Beim Druck wird die zähflüssige Farbe mit einer Rakel über das Sieb gestrichen und sickert an den nicht präparierten Stellen auf den Untergrund. Dafür kommen so gut wie alle Materialien in Frage.
Dadurch ist der Siebdruck das flexibelste Druckverfahren, besonders im handwerklichen Einsatz.
Darüber hinaus kann das Siebdruckverfahren in halbautomatischen und automatischen Techniken auch für Großauflagen wie für Dosen und Feuerzeuge eingesetzt werden.

Serigrafie

Eine Originalserigrafie entsteht durch die manuelle Bearbeitung des Siebs. Die matte und intensive Farbe kann gleichmäßig auch auf größere Flächen übertragen werden und eignet sich deshalb besonders für abstrakte Motive. Weniger genutzt werden die Möglichkeiten für subtile Farbübergänge und Bildraster. Dabei kann der Siebdruck für Bildreproduktionen vor allem von Pastellzeichnungen herausragende Ergebnisse hervorbringen.

Duplexdruck

Beim Duplexdruck handelt es sich um die Bildwiedergabe einer Schwarz-Weiß-Vorlage in zwei Druckgängen. Durch die auf das Motiv abgestimmte zweite Farbe entsteht eine eigenartige Wirkung, die sich gegenüber einem Vierfarbendruck oft gut behaupten kann.

	transparent	deckend	wasserfest	nicht wasserfest
Aquarellfarben	X			X
Ölfarben	X	X	X	
Acrylfarben	X	X	X	
Öl-Wasser-Farben	X		X	
Eiweißlasurfarben	X			X
Plakafarben		X	X	
Dispersionsfarben	X		X	
Designer-Gouache		X		X
Künstler-Gouache		X		X
Tuschen	X		X	X
Offsetfarben	X		X	

Jede Farbart kann durch Zusatzmittel transparenter oder deckender gehalten werden.

Viele Maler haben sich mit dem Problem der Farbe in Zitaten und Texten auseinandergesetzt. Dabei gehen die Beobachtungen und Gedanken oftmals über die eigene Malerei hinaus und sind von grundsätzlicher Bedeutung. So war es Delacroix, der den jeweiligen Lichtverhältnissen Vorrang vor den Lokalfarben gab und damit den Impressionismus vorbereitete.

»Ich konnte dieselbe Sache vorgestern auf dem Platze von St. Sulpice beobachten, wo ein Gassenjunge auf die sonnenbeschienenen Figuren des Springbrunnens geklettert war; mattes Orange im Licht, das lebhafteste Violett in der Schattengrenze und goldige Reflexe in den Schatten, die dem Boden zugewendet waren.«

Eugène Delacroix

Einzelne Maler des Impressionismus haben sich in verschiedenen Richtungen weiterentwickelt und dabei immer der Farbe den Vorrang vor der Form gegeben; daraus haben sich die verschiedenen wesentlichen Stilrichtungen des 20. Jahrhunderts ausgebildet.

»Die wahren Maler sind diejenigen, welche die Dinge nicht so malen, wie sie sind, ... sondern so, wie sie sie fühlen.«

Vincent van Gogh

»Kopieren Sie nicht zu sehr nach der Natur,... nehmen Sie aus der Natur, indem Sie von ihr träumen,... immer auf der Suche nach dem Absoluten.«

Paul Gauguin

»Beim Malen müssen sich Auge und Gehirn gegenseitig unterstützen, man muss an ihrer wechselseitigen Ausbildung arbeiten durch logische Entwicklung von Farbeindrücken.«

Paul Signac

»Für den Maler sind nur die Farben wahr. Ein Bild stellt nichts dar, soll zunächst nichts darstellen als Farben.«

Paul Cézanne

In Deutschland war es Adolf Hoelzel, der als Lehrer an der Stuttgarter Kunstakademie viele Maler wie Willi Baumeister, Oskar Schlemmer und Max Ackermann an die abstrakte Malerei herangeführt hat. Dabei legte er die Betonung auf den gefühls- und stimmungsvollen Einsatz der Farbe und auf eine subjektive Sichtweise.

»Die Komplementärfarben bleiben im Bild das einzig Feststehende. Alles andere ist durch simultane Vorgänge schwankend: Richtung für unser Farbenspiel im Bild.«

Adolf Hoelzel

Nach 1910 sind es zwei Maler, die sich ganz verschieden mit der Farbe in der abstrakten Malerei auseinandersetzen: Robert Delaunay sucht die größte Farbigkeit durch den Einsatz von Kontrasten in seinen Bildern, und Piet Mondrian reduziert die Farben auf die drei Grundfarben Gelb, Rot und Blau, die zusammen mit Schwarz, Weiß und Grau heute die »Mondrianfarben« genannt werden.

»Die Totalität der Farbe: Es gibt keine Bedeutung, die über den visuellen Eindruck hinausgeht.«

Robert Delaunay

Die Primärfarben Gelb, Rot und Blau sind in den 60er Jahren die Farben, mit denen der amerikanische Maler Ellsworth Kelly bevorzugt arbeitet.

»Durch Jahrhunderte hat die Malerei die Verhältnisse mit naturähnlichen Farben und Formen ausgedrückt, bis sie endlich erst in der Gegenwart zur Gestaltung der Verhältnisse selbst gelangte.«

Piet Mondrian

Im Bauhaus der 20er Jahre sind so unterschiedliche Malerpersönlichkeiten wie Klee, Kandinsky, Albers und Itten zusammengetroffen. Sie haben sich in ihrem Unterricht, vor allem in der Vorlehre, intensiv mit Farbproblemen auseinander gesetzt und dazu Veröffentlichungen herausgebracht.

»Speziell *Gelb* und *Blau* tragen in sich verschiedene Spannungen – die Spannungen des Vor- und Zurücktretens.«

Wassily Kandinsky

»Bei gleicher Helligkeit und Größe etwa einer roten und einer blauen Fläche senkt sich die Waage auf der Rotseite, und das Gleichgewicht wird wieder hergestellt, wenn man zum Blau Gelb hinzufügt.«

Paul Klee

»Meine Quadrate bewegen sich vor und zurück, sie scheinen einzudringen und sich zu entfernen, zu wachsen und sich zu verkleinern.«

Josef Albers

Vergleicht man die Postulate von Malern mit ihren eigenen Bildern, so kann man oft feststellen, daß sie nicht übereinstimmen müssen. Es ist mit Sicherheit schwierig, seine eigene Tätigkeit zu analysieren und die Entscheidungen nachzuvollziehen. Deshalb gibt es eine Reihe von Malern, die jede Diskussion und Interpretation ihrer Arbeiten ablehnen. Auch das Erscheinungsbild eines Malers beim Publikum muss mit der Realität nicht übereinstimmen. Mondrian war alles andere als ein kühler Rechner; er hat seine Bilder sehr sorgfältig komponiert und immer wieder korrigiert; und van Gogh, der stets als der emotional gestimmte Maler dargestellt wird, hat mehr über seine Malerei reflektiert als viele seiner Zeitgenossen.
Bei einigen Malern hat sich die Vorliebe für bestimmte Farbkombinationen über Jahrzehnte nicht verändert, so bei Piet Mondrian, Richard Paul Lohse und Joan Miró. Bei anderen hingegen sind einzelne Werkabschnitte gerade durch besondere Farben gekennzeichnet; so gibt es die blaue Periode bei den Bildern Picassos, und Vasarely hat in den 60er Jahren eine Zeitlang nur schwarz-weiße Bilder gemalt.

Die Farbpräferenzen von Malern können ganz unterschiedliche Entwicklungen nehmen. Einige haben die Farbigkeit immer wieder reduziert bis hin zu monochromen Bildern; dies gilt für Ad Reinhardt, Manzoni und Yves Klein, während andere wie Heinz Mack, Getulio Alviani und Bridget Riley sich erst spät mit Farben beschäftigt haben.
Parallel zu den persönlichen Wandlungen verläuft der Pendelschlag der Farbigkeit bei den sich wechselnden Stilrichtungen (die durchaus auch gleichzeitig bestehen können).

Begriffe aus der Malerei (mit Ölfarben)

Kandinskys Münchner Malpalette der Jahre bis 1912, Städtische Galerie im Lenbachhaus, München

alla prima
Malen in einem Vorgang ohne vorherige Untermalung und ohne spätere Übermalung

Chiaroscuro
(auch clair-obscur)
Modellieren von Formen mit beinahe nicht wahrnehmbaren Abstufungen nach Hell und nach Dunkel

Chroma
Lebendigkeit eines Farbtons

Farbfeldmalerei
flächenhafter Farbauftrag

Galerieton
dunkle, bräunliche Tönung von Ölgemälden

Grisaille
monochromer grauer oder gräulicher Farbauftrag

Hard-edge-Malerei
flächenhafte Farbfelder mit strenger Abgrenzung

Impasto
dicker Farbauftrag; ergibt eine ausgeprägte Oberflächenstruktur

Karnation
Hautfarbe in einem Gemälde

Lokalfarbe
Gegenstandsfarbe bei Tageslicht ohne Schattenpartien und ohne Lichtreflexe

pastos
unverdünntes Auftragen von Ölfarben

Piazosso
flächenhafter Farbauftrag

Pleinair
Malerei im Freien

Relievo
Licht und Schatten in der Malerei

Sfumato
kaum merkliche Übergänge von Hell nach Dunkel

Abbildungsnachweis

Heiko Becker Mediengestaltung, Darmstadt: S. 182, 183, 188, 189

Stefan Buss, Bensheim: S. 12 unten

Cliché photothèque de la Documentation du Centre Georges Pompidou/Musée national d'art moderne (Fonds Delaunay), Paris: S. 37, 51

Fraunhofer Institut für graphische Datenverarbeitung, Darmstadt: S. 180, 181

Mario Gastinger, München: S. 37

Kurt Gramer, Bietigheim-Bissingen: S. 83

Heidelberger Druckmaschinen AG, Heidelberg: S. 177

Hoesch GmbH & Co., Düren: S. 129

Volkmar Hoppe, Mühltal: S. 190, 191

IFRA-Institut, Darmstadt: S. 193

Dr. Heinwig Lang, Darmstadt: S. 10 oben und unten

Günther Hugo Magnus: S. 29 oben

Mauritius Bildagentur, Foto Kelvin Aitken: S. 20

Peter Max, San Francisco: S. 117

Günther Misof, Frankfurt a. M.: S. 204

Öffentliche Kunstsammlung Basel, Foto Martin Bühler: S. 15

Pfleiderer AG, Neumarkt: S. 128

Spiegel-Verlag Hamburg, Foto Chris Riewerts: S. 118, 119

Peter Weigele, Stuttgart, Entwurf für K+E-Druckfarben: S. 68

Alle übrigen Abbildungen sind Arbeiten des Autors oder entstammen dessen Archiv.